AF330360

LA COMÉDIE
DU VOYAGE

PARIS

ED. DENTU, ÉDITEUR	LIBRAIRIE CENTRALE
17 et 19	24
Galerie d'Orléans, Palais-Royal.	Boulevard des Italiens.

M D CCC LXIII

LA
COMÉDIE DU VOYAGE

VERSAILLES. — IMPRIMERIE CERF, RUE DU PLESSIS, 59.

PIERRE VÉRON

LA COMÉDIE

DU VOYAGE

PARIS

E. DENTU, ÉDITEUR,

LIBRAIRE DE LA SOCIÉTÉ DES GENS DE LETTRES

Palais-Royal, 17-19, galerie d'Orléans

Et à la LIBRAIRIE CENTRALE, 24, boulevard des Italiens

1863

COMÉDIE DU VOYAGE

I

EN ROUTE !

VOYAGE. — Substantif masculin, dérivé du latin viam agere. *Action de se transporter d'un point à un autre à l'aide d'un des moyens de locomotion en usage chez les peuples civilisés, ou croyant l'être, ou susceptibles de le devenir.*

. . . .

Ainsi parlent les dictionnaires, — à l'exception du dictionnaire de l'Académie qui ne parle pas encore, malgré son grand âge. Donc, c'est sur la pointe d'un substantif masculin, dérivé du latin *viam agere*, que j'ai la prétention d'édifier ici-même un volume.

— Comment, monsieur, un volume tout entier?

— Tout entier! Des fondations de la Préface à la toiture de l'Épilogue.

— Et à quel ordre architectural appartiendra votre monument?

— Oh! lecteur!... *monument* fait rougir ma modestie jusqu'au blanc des yeux... mettons simplement *construction*.

— Construction, soit! Mais à quel ordre d'architecture appartiendra...

— Très-bien. Je sais le reste; vous l'avez déjà dit. A aucun ordre, — c'est celui que je préfère.

— Est-il possible?

— Comment, s'il est possible!... Me prendriez-vous par hasard pour un lauréat des concours de l'Institut? Me supposeriez-vous capable de vous infliger un livre renouvelé des Grecs?... Ils sont si amusants les maçons sérieux du prix de Rome, qui nous font des Palais de l'Industrie, nous percent des rues de Rivoli et grattent Saint-Germain-l'Auxerrois, parce que l'ambition les démange!

— Monsieur, vous êtes irrévérencieux.

— Monsieur, je suis sincère. Indépendance et fantaisie, voilà ma devise. Pas de plan, voilà mon plan. Je veux fusionner, s'il est nécessaire, le sérieux et le biscornu, le romantique et le classique. Je veux bâtir indistinctement avec la brique, le fer, le bois, la pierre... je laisse le marbre à ceux qui font les bustes des épiciers enrichis...

— Dieu du ciel! quels amalgames! Où allons-nous?

— Où nous pourrons, — c'est-à-dire un peu partout.

— Mais enfin, monsieur, votre livre sera-t-il un roman, une étude, une physiologie, un guide?

— Tout — ou rien, à votre choix. J'aurais pu

promener, à travers tous les véhicules connus, l'amour de deux braves jeunes gens que j'aurais hyménisés au dénoûment ; j'aurais pu faire concurrence avec atlas à M. Joanne, ou sans atlas à M. Louis Enault, lequel ne devant jamais être prophète en son pays, a bien fait d'aller visiter les autres. J'aurais pu même ne pas faire de livre du tout, les meilleurs sujets de parler étant encore des sujets meilleurs de se taire. Mais le titre m'a tenté ; la plume a couru sur le papier ; moi, j'ai couru après la plume — et je ne l'ai rattrapée qu'à la dernière page.

Vous qui n'en êtes qu'à la première, vous êtes absolument le maître de ne pas nous suivre.

En voiture, les voyageurs pour je ne sais où !... En route, les lecteurs de bonne volonté !

II

DES 195,000 FAÇONS DE VOYAGER

Evidemment, je dois, dans ce nombre, én oublier au moins la moitié, mais comme j'ai hâte d'entrer en matière, je n'ai pas le temps de refaire l'addition.

Va donc pour cent quatre-vingt-quinze mille façons.

Chaque peuple, chaque temps, chaque classe sociale a eu et aura les siennes jusqu'à la consommation des siècles.

Voyages à pied, à cheval, en voiture, à dos d'ânes, de mulets, de chameaux, d'autruches, d'éléphants. — Voyages autour du monde ou autour d'une chambre ; — voyages pour raison d'État, d'intérêt, de cœur, de plaisir, de santé, de désespoir, de filouterie, de désœuvrement, de diplomatie, de spleen, de science ; voyages en long, en large, en zig-zag, de nuit, de soir, de jour, de matin ; voyages spirituels ou stupides, charmants ou insipides, ruineux ou lucratifs. Tout n'est ici-bas que voyages. — Du voyage physiologique qui nous introduit sur cette humble terre au voyage lugubre qui nous en retire.

Je voyage, tu voyages, il voyage... à preuve que, — même lorsque nous posons la semelle sur le marche-pied de l'omnibus de Clichy-la-Garenne, la pancarte placardée au fond de cette gamelle roulante, nous appelle fièrement *messieurs les voyageurs.*

C'est donc en quelque sorte la comédie de la vie entière que j'entreprends de crayonner.

Et un peu la comédie de la mort, ce train di-
rect pour l'inconnu!

Quel riche vocabulaire, — rien que pour la
nomenclature des moyens de transport!

— Quadrige, char, voiture, coche, patache,
diligence, coucou, berline, accélérées, chaises de
postes, wagons, train, corbillard, etc., etc., etc.
Voilà pour la terre.

— Bateau, radeau, trirème, brick, goëlette,
lougre, corvette, frégate, vaisseau, paquebot,
steamer, chaland, etc., etc., etc. Voilà pour l'eau.

Sans compter les jambes des piétons et la
montgolfière de M. Godard!

Le voyage, c'est le monde même.

D'où il suit qu'un peu de philosophie ne peut
pas faire de mal pour clore ce chapitre d'intro-
duction.

Tenez-vous bien, je ne vous prends pas en
traître!

AXIOMES.

*
* *

I. Le voyage est une pierre de touche de première qualité.

II. Car l'homme qui voyage exagère sans s'en apercevoir tous ses défauts.

III. En voyage, le généreux devient prodigue, l'économe avare, le réservé taciturne, l'affable bavard.

IV. L'homme qui voyage seul n'a plus ni parents, ni amis, ni maîtresse. Pendant tout le temps qu'il est dans la boîte roulante, toutes ses affections et sollicitudes sont concentrées sur son sac de nuit ou sa malle.

V. La politesse est généralement, en voyage, laissée au bureau des bagages.

VI. Tel gentleman qui, dans la vie ordinaire, ne croiserait pas les jambes en société, sous prétexte de *schoking*, se vautre en voyage sur toutes les banquettes, en présence de n'importe quelles représentantes du sexe beau.

VII. J'ai même rencontré un monsieur qui profitait du passage des tunnels pour changer de gilet de flanelle.

VIII. Et quelquefois le tunnel était trop court !

IX. Mais j'espère que ce monsieur, — pour l'honneur national, — doit être mort d'un courant d'air.

***

X. J'ai parlé du beau sexe. Ne pas le regarder au point de vue du voyage.

XI. Parce qu'en ces occurrences, il bâille quand il a faim;

XII. Rebâille quand il a trop mangé;

XIII. Transpire, l'été, comme une mauvaise nouvelle;

XIV. A le nez rouge l'hiver;

XV. Ronfle la nuit en toute saison;

XVI. Et prend votre place pour sa crinoline.

*
* *

XVII. Dans tout voyage, quel qu'il soit, il y a quelque chose de plus agréable que le départ, c'est le retour.

XVIII et dernière pensée. — Je ne continue pas de peur de désobliger l'ombre de feu La Rochefoucauld.

III

LES RÉACTIONNAIRES

Allons ! voyons !... ne vous effarouchez point, mes intentions sont pures et la politique restera complétement étrangère à l'évènement.

Mais toute chose ici-bas a ses réactionnaires.

Ce sont ceux-là qui — en hochant leur chef dépourvu de cheveux — vous disent :

— Ah ! monsieur... le gaz ! une jolie invention... bui menace tous les jours de faire sauter tout Paris... Tandis que l'huile !... C'est un préjugé de croire qu'on y voit mieux aujourd'hui. Moi qui vous parle, je suis arrivé en 1819... On avait encore les réverbères, et je vous prie de croire qu'on n'en était pas plus bête pour cela.

Ce sont ceux encore qui vous grognent, avec une obstination digne d'un meilleur sort :

— Le télégraphe électrique !... Nous ne connaissions pas toutes ces faridondaines dans ma jeunesse, et cela n'empêchait pas M. de Jouy de faire des tragédies auxquelles votre M. Ponsard ne vient pas au coude... Je vous demande un peu... Être obligé d'aller raconter ses affaires à un monsieur qu'on n'a jamais vu pour qu'il fasse ensuite répéter la chose par son instrument !... Ce sont tout simplement des moyens de pénétrer dans les secrets des familles... Quand on m'y prendra à leur confier des dépêches sur ma vie privée, ils verront bien !...

Enfin, ce sont les mêmes réactionnaires qui ne

se trouvent pas en face d'une locomotive sans s'é-
crier avec un emportement peu déguisé :

— La vapeur !... Les chemins de fer !... On ose
appeler cette invention diabolique un perfection-
nement... Mais, est-ce que l'on voyage au jour
d'aujourd'hui ?... Est-ce que l'on voyage ?...
Les hommes ne sont plus que des colis que l'administration empile dans ses boîtes à six roues...
Un de ces jours on vous collera un bulletin sur le
dos, comme à une bourriche... Vous partez...
Broum ! broum ! broum !... Vous êtes arrivé !
Tandis qu'autrefois... la diligence !... à la bonne
heure ! voilà qui avait de la poésie, du piquant,
de l'imprévu... On avait au moins le temps de sa-
vourer les paysages... Et le chapitre des aventures !... Les connaissances de la table d'hôte... La
jolie brune dont on serrait furtivement la main
pour l'aider à descendre aux relais... Les clics-
clacs du postillon... Les récits du conducteur...
Les longues côtes montées en devisant... Parfois
même quelques voleurs de grands chemins pour

animer la situation et donner au courage galant l'occasion de sauver la vie à la jolie brune... Oui, monsieur, j'ai un de mes amis qui, en 27, en revenant de Pont-à-Mousson, a ainsi captivé le cœur d'une Espagnole, riche à trois millions, qui l'a épousée, aussi vrai... Courez donc après maintenant... La seule chance qu'on ait, en fait d'aventures, c'est de se faire casser bras et jambes dans le choc brutal de deux convois trinquant de la locomotive...

Des accidents épouvantables, monsieur... à tel point que si l'on voulait dépeupler l'Europe, on ne s'y prendrait pas autrement, ma parole d'honneur.

. . . .

Une fois engagés dans ces tirades, les réactionnaires réalisent le dénigrement perpétuel.

Pauvres gens !

On la connaît, et l'on peut encore la juger sur quelques spécimens qui restent dans quelques provinces déshéritées, cette poésie de la diligence sur laquelle vous versez des larmes hypocrites.

Trois jours et trois nuits de paysage pour venir de Rouen à Paris. Dieu vous la rende, s'il veut, mes braves hommes, mais puisse-t-il m'en préserver !

Si vous tenez aux connaissances de table d'hôte, les Batignolles vous fourniront le même article avec courbatures en moins et major polonais en plus.

Quant à votre jolie brune... avouez que six fois sur sept elle avait ou la patte d'oie — ou une tabatière — ou un mari.

Vous parlez d'accidents, mes vétérans ?

Les statistiques prennent la peine de vous démentir et de vous prouver que la balance des catastrophes penche en faveur de vos regrettées diligences.

Pour ma part, je les trouve trop bonnes de se déranger, les statistiques.

Car —.quand bien même vous auriez raison...

Est-ce que nous ne vivons pas entourés de cent

fléaux plus redoutables que tous les conflits à vapeur?

Est-ce qu'on ferme les cafés, — à cause des homicides par absinthe?

Les boudoirs-Breda — à cause des homicides par petites dames?

Au moins si la vapeur tue parfois, elle sert à quelque chose, elle! tandis que cafés et bou-doirs!...

Au diable donc vos radotages! Au diable le passé!... Vive le présent!... En avant vers l'avenir!

Et si d'aventure vous êtes, ô ganaches, sincèrement désolées de ce que les chemins de fer ont supprimé les brigands, épongez votre douleur.

Les brigands ne sont pas tous morts, — à preuve que je vais avoir l'honneur de vous donner leur adresse.

IV

LE DERNIER BANDIT

Or, voici comment je l'ai sue moi-même :

I

C'était l'autre jour, — chez une châtelaine bourgeoise qui avait reçu quelques amis dans son *buen retiro*.

Le café pris, on se mit à causer — et à causer voleurs.

A la campagne, la villégiature vit de ce qu'elle peut, en fait de conversations.

Naturellement, les noms fameux de l'histoire des grands chemins avaient été passés en revue, chacun avait apporté son contingent d'anecdotes ; chacune avait apporté son contingent de frayeurs.

Toutefois, le scepticisme de 'l'époque avait eu le dessus.

— Bah ! avait commencé par dire une jeune femme, tout cela est de l'histoire ancienne.

— Les brigands n'existent plus que dans les romans, avait souscrit une dame mûre et solennelle.

— Il faut bien que monsieur Ponson du Terrail vive, insinua un onzième d'agent de change.

— Le fait est que dans la vie réelle le bandit est devenu mythologique.

— Je donnerais, quand je voyage, vingt louis pour trouver un vrai voleur pur sang.

— Eh bien ! mesdames et messieurs, interrompit soudain la voix de R..., un journaliste, qui n'avait encore rien dit, vous avez tort d'enterrer feu le brigand, il se porte à merveille.

— Peuh !

— Quel paradoxe !

— Où cela ? en Chine ?...

— Dans le royaume de Naples ?

— A Tombouctou ?

— Pas le moins du monde. Aux portes de Paris.

— Vous plaisantez.

— Je ne plaisante nullement. Aux portes de Paris, ainsi que je l'ai assuré, il existe encore de vrais, vrais, vrais voleurs de grande route. Permettez-moi de vous l'affirmer, puisque j'ai eu le malheur de tomber tout récemment dans les griffes redoutables de l'un d'eux.

— Vous ?

— En personne, et, pour peu que cela vous intéresse, je vous le ferai connaître.

— Comment donc !

— C'est-à-dire que c'est délicieux.

— Nous vous écoutons.

Et l'auditoire se disposa à frémir — surtout au féminin.

II

R... fut satisfait de l'impression préventive qu'il avait produite; car il passa la main dans sa barbe avec une orgueilleuse nonchalance.

Puis, reprenant :

— Je vous ai dit, mesdames et messieurs, que j'étais tombé dans une embuscade récente.

Voici le fait :

J'étais parti de Paris sans défiance par le chemin de fer. J'avais erré toute la journée au gré de la flânerie. Vous comprendrez d'autant plus ce goût que je le partageais avec un aimable compagnon.

Le soir était venu, avec lui la fatigue.

Nous suivions d'un pas ralenti un chemin qui

s'était offert à nous. Une petite lumière brillant au loin attira notre attention :

— Si nous entrions là, me dit mon compagnon.

— Entrons, répondis-je.

Nous n'avions d'autre but que de nous reposer et l'embarras du choix nous était interdit.

Cinq minutes après nous pénétrions dans le repaire.

III

J'ai appris depuis, — et à mes dépens, — poursuivit le narrateur, que nous étions dans la maison d'un des chefs les plus redoutables du banditisme.

La police le sait, mais elle ferme les yeux apparemment, puisque les campagnes et leurs environs continuent à être exploités de la façon la plus terrible.

Beppo — donnons-lui ce nom plein de couleur locale — Beppo n'est, d'ailleurs, pas un voleur vulgaire. Il pratique son art avec une conviction profonde, avec un raffinement exquis.

Jamais air plus paterne n'amorça et ne trompa le voyageur.

Sachant que sa maison est seule et qu'on viendra se reposer chez lui, il attend, comme l'araignée.

Toujours aux aguets, il épie le moindre bruit. Quand les pas se dirigent vers son antre, un sourire sauvage illumine ses traits.

La proie arrive.

Mais dès qu'elle paraît le sourire s'est éteint en se faisant humble.

Moi qui vous parle, je fus trompé, et je murmurai :

— Il a l'air d'un bien brave homme !

IV

Or, ce brave homme est un tigre.

Rien ne peut le fléchir.

Beppo n'a qu'une pensée :

Dépouiller son prochain de l'argent qu'il porte.

A lui seul, il a intoxiqué plus de monde que la Brinvilliers, la Voisin et toutes les célébrités du poison réunies. C'est par centaines qu'on compte ses lugubres victimes.

Plus il vous témoigne d'obséquiosité, plus il se montrera impitoyable quand le moment fatal sera venu.

V

L'auditoire commençait à frissonner.

La jeune femme, tout à l'heure si incrédule, s'était serrée contre son voisin. Était-ce avec préméditation ?

La dame mûre et solennelle tressaillait légèrement.

L'orateur continua.

— Je vous ai exposé déjà comme quoi, en en-

trant chez le brigand, j'ignorais toutes ces particularités. Je ne tardai pas à être renseigné en entendant un dialogue qui s'était établi à voix basse
entre Beppo, le chef redoutable, et son lieutenant.

— Quelles gens est-ce? demandait le lieutenant
en parlant de nous, qu'il avait fait asseoir dans
une pièce voisine.

— Des Parisiens.

— Ont-ils l'air d'avoir le sac?

— Ils l'ont.

— Alors il y a longtemps qu'une si heureuse
aubaine ne nous était tombée.

— Il s'agit de leur faire leur affaire comme il
faut.

— Et dans le soigné.

— Surtout, pas de scrupules!

— Des scrupules!... Ils n'emporteront pas un
centime d'ici.

— A la bonne heure. Mais...

— Mais quoi?... Je veux les écorcher tout vifs.
Ils paieront pour les autres.

Un mouvement d'horreur agita l'auditoire fortement remué par ce passage du récit.

R... s'interrompit une seconde fois. Il reprit bientôt :

— Et s'ils résistent? avait répliqué le lieutenant du bandit.

— Je m'arrangerai pour qu'ils n'y voient que du feu.

— S'ils crient?

— On les laissera crier. Avec cela que nous ne sommes pas habitués aux jérémiades des patients.

Ce dialogue, mesdames, fit le narrateur, revenant à la forme directe, nous avait plongés dans de justes angoisses.

Ce fut bien autre chose, quand, par la porte entrebâillée, je vis mon sacripant passer un large coutelas à sa ceinture et s'avancer d'un air résolu vers la chambre où nous étions...

Il entra, puis...

VI

— Assez ! assez ! s'écria la jeune femme.

— Des sels, soupira la dame mûre et solennelle
esquissant une crise de nerfs.

— Votre histoire est abominable.

— La fin, demandaient les hommes.

— Non, non !

— Si ! si !

— Mon Dieu ! la fin est que nous sortîmes du
repaire dévalisés et rendant grâce au ciel d'avoir
sauvé notre vie.

— Mais c'est une horreur !

— Une infâmie !

— C'est un conte plutôt.

— J'ai juré ma parole d'honneur, objecta l'o
rateur d'un air grave.

— Votre parole d'honneur sérieuse ?

— Sérieuse.

— Que ce que vous venez de nous dire s'est passé ?

— Et se passe journellement.

— Encore mieux !

— Comment l'autorité le tolère-t-elle ?

— Ceci ne me regarde pas.

— Et aux portes de Paris ?

— Aux portes de Paris.

— Cependant...

— Je n'invente rien.

— Le banditisme n'est donc pas réellement mort ?

— Pas du tout, vous en avez la preuve.

— Et vous dites que son suprême représentant...

— S'appelle Beppo.

— C'est tout le renseignement que vous avez ?

— Je puis ajouter sa profession.

— Comment ! sa profession ?

— Parbleu ! Beppo, le dernier bandit est...

— Achevez !

— Un traiteur de banlieue, à l'enseigne du *Parfait Macaroni.*

V

LA PIERRE QUI FAIT DES RONDS

L'incident étant vidé, comme on dit en style parlementaire, revenons à notre ordre du jour.

Mais je crois m'apercevoir que nous avons omis de nous en imposer un.

Ce sera bientôt fait.

Nous sommes déjà d'accord sur un point — à savoir que nous laissons bien loin, bien loin en arrière toutes les locomotions de 1800, — souvenez-vous-en, — et que nous n'admettrons pas même une exception en faveur du suprême *coucou obstiné*, qu'on vit naguère sillonner la route de Versailles.

Où irions-nous, si nous avions la faiblesse de lui faire une concession ?

Tous les autres coucous obstinés viendraient réclamer leur paragraphe. Or, Dieu sait s'il en est encore !

M. Legouvé et ses comédies à la guimauve, coucou obstiné ! La Comédie-Française cramponnée au décret de Moscou, coucou obstiné ! Les tartines de la *Gazette de France*, coucou obstiné ! Coucou obstiné, Galimard et ses orgies de classique... Et ainsi de mille autres aussi coucous qu'obstinés, aussi obstinés que coucous.

Qu'ils s'arrangent entre eux.

Quant à nous, nous prenons une pierre. Bien. Nous la lançons dans l'eau. Pouff ! Un petit rond se forme, puis un plus grand, puis un plus grand encore.

Voilà notre programme tout trouvé.

Le petit rond du centre, c'est Paris ; les autres

ronds, de plus en plus grands, ce sont les zones de voyages de plus en plus éloignées.

Nous partirons naturellement du centre afin de rayonner — quel mot flatteur pour un amour-propre d'auteur ! — afin de rayonner ensuite jusqu'à la circonférence la plus lointaine.

Trop heureux de cette occasion de placer tout ce que j'ai appris de géométrie en dix années de collége.

VI

VOYAGE A PIED

Peut-être si vous me demandez un avis, ne sera-ce pas le genre de voyage suivant que je vous proposerai comme but de votre ambition et de vos efforts.

Mais la vérité — la vérité sans paletot — me force à lui donner une place dans les excursions *intra-muros* de la *Comédie du Voyage*.

Point de départ ; un des deux millions de cafés qui meublent les bas côtés des rues de Paris.

Touriste : un monsieur ému, parlant à sa propre personne :

* *

— ... Voleur ! moi ! parce qu'il me manque dix centimes pour payer ma consommation.

Eh bien, non, je ne te les paierai pas, tes dix centimes. J'aimerais mieux fonder avec une crèche pour les enfants des deux sexes.

Mais qu'ils y viennent donc, tes soldats ! je me sens de taille à lutter contre l'armée française en son entier. N'est-ce-pas,-monsieur, que j'ai raison ? Vous, là-bas... le gros près du comptoir...

Encore une fois, tu peux en faire ton deuil de tes dix centimes... Plaît-il ?... Mais va donc les chercher, tes forces armées, va donc ! je les attends le sourire sur...

Hein ? Pas de bêtises... Caporal, je vous jure... Laissez-moi donc... Je vous...

Caporal, c'est une erreur !... Je plaisantais avec monsieur le maître de cet établissement somptueux. Il a avalé la plaisanterie de travers. C'est pas ma faute.

On est un peu bohême, mais bon garçon au fond... Et puis le lundi !... Nous allons boire à la fin de la maladie des vers-à-soie... à l'indépendance du monde... aux cent mille guérisons de la graine de moutarde blanche !

Seulement, lâchez-moi ; ça me gênerait pour trinquer. Garçon ! Voyons, c'est pour rire, pas vrai, que vous m'appréhendez au col. Je n'ai rien fait. J'ai dit que le patron mettait de la chicorée dans son moka. La vérité sort de la bouche de l'innocence...

Probablement, j'aï un peu dépassé mes capacités absorbantes... Prenez garde... Vous allez détériorer mon faux col et je vais ce soir dans le monde.

Je suis un honnête homme... Au pis aller, s'il faut que je les paie, les dix centimes, je les paierai !... avec les deux sous qu'un de vous cinq voudra bien me prêter...

Quel est celui de vous cinq?

Soldats !... mon faux col... Encore une minute. Je veux m'expliquer... Au nom de la philantropie, je proteste !...

Maintenant jetez-moi sur la paille humide des cachots.

Dans la rue !...

Je suis dans la rue, entre quatre baïonnettes précédées d'une cinquième.

Tous les yeux sont braqués sur moi.

On dirait qu'ils n'ont jamais vu un citoyen dans la peine. Les gamins courent après notre cortége, les chiens aboient, les femmes se mettent aux fenêtres.

Oh ! les femmes !

Ce sont elles qui sont la cause de mes malheurs. Si ma voisine n'avait pas refusé de venir avec moi dîner à Robinson, je n'aurais pas eu besoin de m'étourdir sur son refus.

Grenadier, vous qui devez avoir été amoureux, vous ne pouvez pas trouver mauvais qu'on cherche à tromper une peine de cœur.

Je l'ai peut-être trompée un peu trop, mais on n'est pas pendable pour cela.

*
* *

Scélérat de cafetier !

Grenadier, vous n'auriez pas un mouchoir à me prêter pour dérober mes traits à la curiosité publique.

Vous n'entendez donc pas ce qu'ils disent !

— Quelque ivrogne qui se sera battu, a fait une première commère... ça me rappelle mon pas grand'chose de mari.

—Probablement un filou, dit une seconde.

Dix pas plus loin, j'avais volé dix mille francs.

Il y avait effraction cinquante pas après. Maintenant, j'ai assassiné !

— Il paraît, cancane l'une, que c'est un fameux coquin qu'on recherchait depuis longtemps.

— Comme on lit la férocité sur sa figure ! ajoute une autre.

— Je ne sais pas si c'est exact, on vient de me conter que c'était Jud...

Se voir comparé à Jud ! Grenadier, vous ne le souffririez pas... Votre mouchoir, s'il vous plaît, je ne vous en voudrai pas, s'il est à carreaux.

*
* *

Ah ! mon Dieu !.. Mais je reconnais ce macadam, ces maisons ne sont pas des étrangères pour moi. Nous arrivons dans mon quartier.

Je passerais dans le voisinage de mes lares avec cet appareil aussi militaire qu'intempestif!

Soldats, vous ne souffririez pas qu'on déshonorât ainsi pour une misère de dix pauvres centimes, un homme qui pourrait être père de famille.

Tournons à droite, je vous en supplie.

Vous dites que le bureau du commissaire de police est à gauche... Mon Dieu! je vous assure que je ne tiens pas absolument à le voir aujourd'hui.

Ma rue, ma propre rue! et un tuyau de gaz n'éclatera point pour nous engloutir tous les six !

*
* *

Oui, va-t'en maintenant demander du crédit à tes fournisseurs, ils te recevront bien.

Pas un ne manquera à la revue... C'est fait pour moi... Les portes sont toutes ouvertes. Pourquoi au lieu de trente degrés de chaleur, n'y a-t-il pas dix degrés de froid?

Cruel destin, je te le demande...

Aïe! mon supplice commence.

Mon propriétaire qui vient de se faire émonder la barbe.

A mon aspect, il s'est arrêté tout net; il n'en croyait pas ses yeux. Lui qui ne veut dans son immeuble que des locataires tranquilles.

Il détourne les regards avec indignation..... Rentier, va! Grenadiers, je vous prends à témoin, y a-t-il dans ma conduite un prétexte décent à l'indignation d'un propriétaire?

Et puis, après ça, bonsoir. Il peut me-donner congé, s'il veut. Je n'y tiens pas, à sa baraque; les cheminées fument, toutes les pièces sont car-relées, les chambres sont en enfilade... Et il avait le toupet de me louer ce gîte 592 francs 25 cen-times.

*
* *

Quand je vous dis que le sort m'en veut.

Lui, mon seul et unique actionnaire, l'espoir de ma *Société des allumettes chimiques incombustibles.* Il demeure à Belleville, et il faut que je le rencontre juste à point dans la rue de la Vieille-Estrapade !

Sans doute il venait chez moi.

Peut-être même apportait-il un versement.

Soldats, quelle que soit la rigueur des lois, elle ne peut aller jusqu'à empêcher un gérant de société en commandite de recevoir le versement d'un actionnaire.

Cela ne se serait jamais vu.

Denys, Néron, Tibère, tous les tyrans de l'antiquité fusionnés ensemble n'auraient pas poussé la torture jusqu'à ce raffinement.

Cela me permettra de payer les dix centimes du scélérat de limonadier.

Comme on chante dans *Galatée*,

Ah ! verse encore !. .

* *
*

C'est le coup de grâce.

Elle, ma voisine, la préférée de mon cœur.

Elle, que j'espérais subjuguer...

C'en est fait... jamais elle ne consentira à aimer un homme qui se fait reconduire avec ce déploiement de pompe.

Ah ! ne me fuis pas si vite, ange de mon quatrième. C'est pour toi que je suis dans les fers ! Si tu avais voulu venir avec moi à Robinson, je n'aurais pas recouru aux distractions bachiques. Si je n'y avais pas recouru, je n'aurais pas refusé dix centimes au distillateur.

Car, ce ne devait être qu'un distillateur !

Si je n'avais pas refusé, je jouirais de ma liberté chérie.

D'ailleurs, tous les grands hommes ont peu ou

prou souffert de la captivité.Vois plutôt Régulus, François Ier, Silvio Pellico...

Ce dernier en a même profité pour publier un livre qui s'est beaucoup vendu. Je publierai moi aussi un livre qui se vendra sur les émotions de mon *carcere duro*... Je deviendrai célèbre par les lettres, puisque les cuirassements me trahissent.

Je serai riche, je te comblerai de pierreries, je t'épouserai...

Elle est partie... sans un signe de compassion... Grenadiers, soutenez-moi, je défaille !...

*
* *

Le commissaire de police m'a fait relâcher après une semonce.

Il est bien temps.

Mon propriétaire, mon crédit, mon actionnaire, mon amour, tout est perdu !...

La prochaine fois que j'aurai un chagrin à noyer, — j'irai hors barrière !

VII

A L'IMPÉRIALE

Pour ceux qui, au système précédent, préfèrent le voyage en voiture, Paris offre :

1° Les boutiques de seshuil cents carrossiers,
2° Les *remises*,
3° Les véhicules de la Compagnie impériale,
4° L'administration paternelle des omnibus.

Les carrossiers n'ayant pas le plaisir de compter en général la littérature dans leur clientèle, je craindrais d'humilier mes chers confrères en faisant exception.

Le *remise* sent trop le musc et la poudre de riz pour que je vous y fourvoie.

La Compagnie impériale des petites voitures échappe par la banalité à toute analyse. Ses actions montent et ses stores baissent. — J'en suis bien aise. Elle continue à couronner annuellement les honnêtes cochers. — Je demande des concours pour les cochers polis.

Reste l'impériale de l'omnibus.

Je n'ai jamais si bien compris la justesse de la classification qui range l'homme dans la famille du singe que depuis l'invention des impériales.

Monter est déjà pas mal Jardin-des-Plantes. Mais quand le patient aspire à descendre !

Je le vois d'ici.

Un ventre proéminent l'empêche de se baisser assez pour atteindre du bout de ses petites jambes potelées le premier échelon du perchoir. On aperçoit de loin un pied qui vacille dans l'espace pendant que les mains se cramponnent convulsivement aux barres de fer qui veillent au salut de l'équilibre des victimes.

Le conducteur — au-dessous — contemple avec une ironie sereine et mal déguisée.

Un cahot survient.

Les mains se contractent plus étroitement, le pied décrit des paraboles insensées; la sueur perle au front de l'équilibriste.

Soudain un hasard béni a accroché son orteil au bienheureux point d'appui. Terre! Terre!...

Il fait un mouvement, deux, trois... Le lit gluant du macadam le reçoit... pile ou face, suivant la chance.

Et penser qu'on ne paie que trois sous ces âcres voluptés! c'est pour rien!

Chez Triat, la même leçon de gymnastique coûte cinq francs.

Chez le même Triat, des sentences inscrites sur les murailles proclamaient jadis que *l'exercice, c'est la santé et la force.*

Etonnez-vous après cela que le peuple qui

s'inflige dans la vie privée ces efforts acrobatiques possède les meilleurs soldats du monde !

Je ne suis surpris que d'une chose.

C'est que l'on n'ait pas encore installé à bord de quelques impériales d'omnibus une *école de mousses.*

Ne le dites pas. Je vais formuler cette invention sous forme d'adresse à l'autorité. C'est une idée providentielle.

Dieu protége la France !

VIII

Avant de dire adieu aux voyages de l'intérieur de la capitale, je voudrais bien combler une lacune. Il n'a existé et n'existera jamais un écrivain venu au monde sans la prétention de combler une lacune.

Pourquoi échapperais-je à la loi générale?

D'ailleurs, l'itinéraire que je veux offrir à vos méditations ne répond malheureusement que trop à un besoin de notre noble époque.

M. de Chateaubriand, — que dorment en paix
les dépouilles de son passé ! — M. de Chateaubriand a jadis rédigé un *Itinéraire de Paris à Jé-
rusalem,* qui a joui, dans son temps, d'une cer-
taine réputation.

Moi, plus modeste en mes ambitions, je me
bornerai à un *Itinéraire du cœur de mademoiselle
Polkinette à Clichy-House.*

C'est moins loin, mais c'est joliment plus fré-
quenté !

Au moins, grâce à moi, chacun saura désormais où il va. Libre à vous d'y aller tout de
même, si vous êtes un touriste endurci.

LE DÉPART — CONSEILS PRÉLIMINAIRES

Tout voyageur — combien sont-ils ? — à qui il
prend soudain la fantaisie d'aller du cœur de
mademoiselle Polkinette à Chichy-House, doit se
rendre un soir à Mabille, au Casino ou dans les
avant-scènes d'un petit théâtre.

Ce sont là les principaux embarcadères.

Au préalable, le voyageur aura eu soin de se munir, premièrement : d'une bonne lunette aveuglante de la fabrique Cupidon et compagnie, brevetée s. g. d. g.

Cette lunette est indispensable, car sans elle on s'apercevrait immédiatement des ridicules du voyage et l'on resterait probablement en route.

Secondement : D'un portefeuille convenablement garni de valeurs diverses.

Troisièmement : d'un code de commerce spécialement commenté à l'article *billets à ordre, lettres de change, protêts, saisies, contraintes par corps,* etc.

Quatrièmement : d'une forte provision de papier timbré de toutes les dimensions.

PRISE DES BILLETS

On compte différentes manières de prendre son billet pour cette excursion.

Les uns traduisent ainsi cette demande :

— Ah ! madame ! Tant de grâce unie à tant de beauté !... Vous voir et vous aimer ne sont...

Cette formule, dans laquelle se trouve le verbe *aimer*, qui appartient au vieux français, risque fort de ne pas être comprise. Nous conseillons aux excursionnistes de moderniser leur style.

D'autres s'y prennent de la façon suivante :

— Un mobilier et mes serments.

Les serments sont encore de trop.

La formule la plus simple et la meilleure est :

— Daignez disposer, madame, de mon humble porte-monnaie comme du vôtre.

ENREGISTREMENT DES BAGAGES

Dans le voyage dont nous nous occupons, il est inutile de faire inscrire ses bagages, d'abord parce

que la compagnie ne répond pas des objets qui se
perdent en chemin, ensuite parce qu'on a d'a-
vance, et à votre insu, toujours soin d'en dresser
un inventaire complet :

— Une belle chaîne de montre, a-t-on suppu-
té... une bague avec diamant. Epingle à la cravate.
Le reste à l'avenant. Voyageur de première
classe.

Et un coup d'œil passionné ayant remplacé,
comme signal, le coup de sifflet traditionnel,
vous voilà parti.

STATION DITE DES PETITS CADEAUX

Il est impossible de ne pas faire une station
plus ou moins prolongée à cet embranchement,
le succès du reste du voyage serait compromis.
La gradation habituelle est celle-ci :

— Ah! mon ami, les jolies bottines !

— Ah ! mon ami, les jolis chapeaux !

— Ah ! mon ami, les jolies soieries !

— Ah ! mon ami, les jolies dentelles !

— Ah ! mon ami, les jolis bijoux !

— Ah ! mon ami, les jolis meubles de Boulle.

On n'a pas le temps en route de faire des additions, on paie sans marchander.

Sur quoi, le convoi galant se remet en route.

LES AUBERGES

Un des points capitaux de toute excursion.

Dans *l'Itinéraire du cœur de Polkinette à Clichy-House*, les auberges ont une importance plus grande encore que dans tout autre voyage.

Etant donnée cette règle sans exception, à savoir : que l'aubergiste est au voyageur ce que la sangsue est à l'homme ; il suffit de multiplier ladite règle de proportion par un chiffre colossal pour avoir une faible idée des fortes sommes qu'on obtient.

Recommandations spéciales à l'usage de ceux qui tiennent à aller plus vite :

— Souper au lieu de dîner.

— Demander des primeurs au mois de décembre.

— Insister sur les truffes.

— Pratiquer de temps à autre des irrigations de Moët par les fenêtres.

Aimer à casser un peu la vaisselle au dessert.

MONUMENTS ET CURIOSITÉS

On n'a jamais vu, de mémoire d'huissier, un seul des touristes qui font le voyage du *Cœur de Polkinette à Clichy-House,* rendre visite aux caisses d'épargne.

Par contre, il est de rigueur de ne pas oublier :

—Les *Catacombes des illusions,* dans lesquelles

on descend par un mouvement insensible et une pente admirablement ménagée.

— Les *Colonnes commémoratives* élevées à la mémoire des millionnaires qui ont fait le trajet de Clichy-House dans le délai le plus court.

— La Bourse est un monument que l'on visite généralement à la fin du voyage.

C'est même le chemin le plus court.

— Quant aux curiosités, — demandez aux étagères ce qu'il en coûte, et soldez, si vous voulez être considérés.

STATION DITE DE LA VICTORIA

C'est là que l'on commence à aller plus grand train.

On n'avait relativement fait que cheminer avec une vitesse modérée.

— Mon ami, une telle, tu sais bien, la petite

une telle... Elle a une victoria. Tandis que moi!... Ah! je suis bien malheureuse!

La victoria requise est accordée.

Mais avec une victoria, il faut des chevaux, avec des chevaux une remise et une écurie, avec la remise et l'écurie un hôtel, avec l'hôtel une maison de campagne, des domestiques, des...

Cela s'appelle la vitesse de soixante mille francs à la journée.

Beaucoup de voyageurs n'ont pas le tempérament assez solide et tombent suffoqués.

Tant pis pour eux... ou tant mieux !

STATION DITE DE LA JALOUSIE

— Une scène!... Il s'est fâché! il a haussé le ton... qu'il crie, il paiera.

C'est du Mazarin, mais les belles choses ne vieillissent jamais.

Quand vous arriverez à la station de la jalousie, vous commencerez à entrevoir dans le lointain le sommet des toits de Clichy-House.

Quelquefois, à cette station, il y a une rencontre.

Sinon, soupçonnant un rival, et voulant le dépasser pour n'être pas dépassé par lui, vous forcez la marche.

Steeple-chase.

STATION DITE DE L'USURE

De là le panorama est superbe.

Clichy-House apparaît dans toute sa splendeur. On compterait les barreaux des fenêtres. On distingue le factionnaire qui se promène devant la porte.

Cependant on s'abuse généralement sur la distance qui reste à parcourir. On veut alors retarder l'arrivée, et on veut y parvenir en prenant les chemins de traverse.

C'est à la station de l'usure qu'on s'aperçoit que tout n'est pas rose dans le métier de touriste.

— Si j'avais su !...

Les employés de la station de l'usure se distinguent entre tous par une grossièreté révoltante et rançonnent le pauvre voyageur exténué avec une barbarie de sauvages.

Mais le signal a retenti de nouveau... les cinq minutes d'arrêt sont expirées.

— Mon bon monsieur Gobseck, encore un petit délai.

— Je vous en supplie, monsieur Gobseck, laissez-moi un instant de répit. Je n'en puis plus!..

La machine roule pendant ce temps-là.

Est-ce que les engrenages ont des oreilles?

CLICHY ! CLICHY ! CLICHY !

Ce cri a retenti au moment où vous commen-
ciez précisément à vous endormir dans une sécu-
rité trompeuse.

Vous cherchez à vos côtés.

Personne.

Tout le monde vous a abandonnés. C'est dans
l'ordre du désordre.

Seul ! Tout seul !

Un monsieur à figure patibulaire ouvre la portière :

— Allons ! descendons, et lestement. Nous sommes arrivés.

— Arrivés !

La grille s'ouvre, se referme... Aller sans
retour.

POST-FACE

Le lecteur. — Savez-vous bien que c'est là un abominable voyage, et que personne ne doit vouloir le faire.

— Personne ! vous croyez?... Je gage qu'au moment où nous causons ils sont cinq cents à Paris qui soupirent d'impatience après l'heure du départ.

IX

LA VILLA-MORBUS

Nous allons maintenant, s'il vous plaît toujours de me suivre, franchir les fortifications.

Franchir les fortifications est devenu en ces dernières années un goût épidémique. Le fléau commence à exercer ses ravages aux amandes vertes et ne les suspend qu'aux nèfles.

Dans cet intervalle, la population n'est plus qu'une seule et même vague s'échappant par toutes les issues qu'elle rencontre.

Le barreau et la cassonnade, la médecine et la quincaillerie, les attachés d'ambassade aussi bien que les fabricants de bas sans coutures se précipitent avec un élan commun à l'assaut de la villégiature.

Voir un arbre et mourir !

Tout est bon pour serrer la famille. Château, maison, chambre, ou simple armoire.

L'air est si sain dans les armoires de la campagne !

Aussi jugez du va-et-vient. Et quelle collection de grotesques !

La banlieue de Paris, ce n'est pas la comédie, c'est le vaudeville du voyage.

La petite pièce avant la grande.

Je lève la toile.

X

LE VOYAGEUR PLATONIQUE

A toute exception, tout honneur.

Le voyageur platonique est original ; — chose rare en ce temps de copies.

Le voyageur platonique a pris le contre-pied des habitudes de ses concitoyens.

Quand tant d'autres auraient envie de rester et ne partent que pour obéir à la mode, lui a sincèrement le désir de partir et reste, — pour cause de... faiblesse majeure.

Il adore la nature, mais à distance. Il ne peut vivre sans elle, — et ne va jamais la voir.

Car toutes les semaines de toutes les belles saisons de tous les ans, la scène suivante se reproduit :

*
* *

Balthazar, le voyageur platonique, est le type pur de ce qu'on appelle... ou plutôt Balthazar, le voyageur platonique, compose à lui seul une trinité dans la quelle il a trouvé moyen d'incarner le Parisien, le Bohême, et le pilier d'estaminet; inutile de saluer, comme vous voyez.

*
* *

Dès le commencement de février, Balthazar le voyageur platonique, prélude en disant à la dame de ses pensées, laquelle dame prouve qu'il n'est pas platonique sans exception :

— Madame, je suis honteux de moi-même.

Paris et la vie de café me dévorent. Le domino cellulaire des brasseries me fait oublier mes devoirs.

Je n'ai pas mis ma carte à la verdure depuis plus de cinq ans. Je ne suis pas sûr de me rappeler quelle couleur a la mousse et quelle forme ont les chênes.

Madame, au premier beau jour nous irons passer une journée à la campagne.

Oh! mais là, une journée tout entière.

*
* *

Le jour promis ainsi, le jour solennel, après autant de remises qu'un mélodrame de la Porte-Saint-Martin, finit pourtant par arriver.

Je vous ai dit que Balthazar est parisien. Vous ne vous étonnerez donc pas qu'il ait choisi un dimanche pour la perpétration de son excès champêtre.

Dès six heures du matin, Balthazar a arraché

Trinquette, — elle se nomme Trinquette, — aux douceurs du sommeil :

> — Assez dormir, ma belle !
> Ta cavale Isabelle.....

La cavale n'est ici que pour la rime, ô ma compagne, mais nous n'avons pas oublié, j'imagine, que c'est aujourd'hui que nous allons sonner à la porte de l'idylle ?

Il est sept heures et demie du matin. Dépêchons-nous ou nous allons manquer le premier train. Ce qui serait un crime. La campagne est surtout belle à l'aurore.

Je ne me pardonnerais de ma vie de la sacrifier aux vains attraits de l'oreiller.

Partons !

*
* *

— Sais-tu, ma belle, reprend Balthazar quand il a fait quelques pas dans la rue, que la matinée est singulièrement fraîche.

Les caresses du Zéphir me dévalisent de tout mon calorique.

Et toi ! grand Dieu ! Toi qui as d'ordinaire l'incarnat de la rose, tu te rapproches, pour la nuance, du feuillage de ladite fleur.

Parbleu, j'y suis, c'est que nous sommes à jeûn.

Est-ce qu'il n'y aura pas un café ouvert?... Si ! sauvés !

Garçon, deux grogs chauds. Et vite nous sommes pressés. Sois tranquille, reine de mes destinées, le temps d'avaler et nous nous précipitons.

*
* *

Les grogs sont trop chauds, il faut les laisser refroidir.

— Maintenant, décide Balthazar, après avoir accompli cette première étape, ce que nous avons de mieux à faire, c'est de gagner la plus prochaine place de voitures.

Le chemin de fer est trop loin pour que nous y

allions à pied. Attends donc que je me remémore où se trouvaient les véhicules dans le temps où j'étais susceptible d'en prendre.

— Il y en a rue Taranne, insinue mademoiselle Trinquette.

— Oui, tu l'as dit! Oui, tu l'as dit... En avant, marche!... Eh bien! elle est jolie ta rue Taranne! Pas plus de fiacre que sur le clocher de Saint-Denis. Contre-temps imprévu... Nous ne pouvons cependant rester-là sur nos jambes.

Il va certainement arriver des voitures, résignons-nous à les attendre. et, pour aider à la résignation, posons-nous, durant quelques minutes, sur les chaises de cet autre limonadier. Oh! n'aie pas peur! C'est à mon corps défendant. La campagne me réclame, nous nous réclamons mutuellement. Je ne manque pas la première voiture qui va passer. Seulement, comme il faut nous donner une contenance..... Garçon! deux curaçaos!

*
* *

Le curaçao étant déclaré remarquable, on y revient trois fois. Les voitures continuent à se signaler par cette absence qui leur est chronique, les jours où l'on en besoin.

— Soyons héroïques... dit Balthazar... Abusons de notre pied léger. Une ! deux ! Une ! deux ! Je vais marquer le pas tout le long du chemin, tu verras que c'est un moyen infaillible de ne pas se fatiguer.

— Je ne peux pourtant pas courir.

— Ma colombe, vous exagérez, mais le convoi a des rigueurs à nulle autre pareilles... Seigneur! déjà onze heures moins dix. C'est à onze heures le départ.

Nous n'arriverons pas. Inutile de nous déranger. Nous ne pouvons maintenant prendre que le train de midi. Nous serons aux champs à une heure. Mais il est impossible que nos estomacs se rési-

gnent jusqu'à concurrence de trois tours de cadran. La sagesse nous fait un devoir d'utiliser
l'heure d'attente qui nous reste. Pénétrons pour
déjeuner dans cette maison de restauration publique.

Ils pénètrent.

*
* *

Quand ils sortent, midi et demi vient de tinter.
Balthazar s'exalte sensiblement :

— Je te répète que la campagne n'est belle
qu'avec le plein soleil, qui la dore de tons chauds
et vénitiens.

Nous allons passer une journée délicieuse...
Bon déjeuner, c'est déjà un début heureux. Nous
touchons à la gare.

Cataclysme et damnation ! Le profil de mon
dernier maître d'hôtel, à qui je dois soixante-
sept francs de bougies... Trinquette, réfugions-
nous chez ce liquoriste.

*
* *

Après la halte nouvelle, on se remet en marche. On parcourt, à la suite de cette absorption de fruits confits, un espace de cent mètres au moins sans encombre.

Balthazar recommence à parler forêts et prairies. Trinquette est joyeuse... Soudain, une main s'abat sur l'épaule du voyageur platonique :

— Où allez-vous ainsi, mes tourtereaux, sans prévenir les amis ? Je vous y prends.

— Tiens, Ernest ! bonjour !.. Ma foi, mon meilleur, nous partons dans le but de visiter les populations rurales, — pour ne pas dire suburbaines.

— Une partie de campagne ?

— Absolument... Adieu !

— Comment adieu ? Vous n'êtes pas si pressés ?

— Au contraire, nous le sommes immensément.

— Vous ne me refuserez nonobstant point d'accepter un bock? Il fait si chaud.

— Il est vrai que la chaleur est assez sénégalienne.

— Tais-toi ! Le verre du thermomètre de l'ingénieur Chevallier a fondu.

— Epouvantable sinistre !... Alors je tolère ton bock ; mais je t'en préviens, je le hume d'un trait, comme un tube atmosphérique, et je me sauve. Parce que je tiens à ma promenade agreste.

— Parbleu !... Garçon ! un moss... et un jeu de bezigue !

— Jamais.

— Histoire de jouer deux cigares.

— Impossible.

— Tu as peur de les perdre?

Cette apostrophe décide Balthazar. A deux heures on a fait cinq parties de bezigue.

— Viens-tu? demande Trinquette.

— Tout-à-l'heure ; je perds neuf francs, répond-il.

*
* *

A cinq heures, on a joué au piquet, au billard, au jacquet, aux dames.

— Viens-tu ? réitère Trinquette.

— Une minute ! Je gagne quinze francs, et ce serait user d'indélicatesse... réitère Balthazar... D'abord la campagne est surtout belle le soir.

*
* *

Tout a une fin, même les parties de piquet, de billard, de jacquet et de dames.

Six heures sonnent comme Balthazar, allégé d'un louis, quitte le café.

Son ami, en garçon délicat, insiste pour lui offrir à dîner.

— Et notre excursion à la campagne ? supplie Trinquette.

— Tu as raison... Oh ! la campagne, j'en raffole, n'essaie pas de me tenter, dit Balthazar à son ami.

— Je te donnerai la revanche après le dîner.

— Inutile... Viens, Trinquette, nous jouirons d'un clair de lune superbe... Qu'est-ce à dire ?... une goutte d'eau ?

— Je n'ai rien senti.

— Encore une... Diable ! un grain !

— Vous voyez bien, exclame l'ami, que vous ne pouvez pas partir. Venez dîner.

— A condition que le dessert achevé, tu nous laisseras prendre le train.

— Je le jure.

*
* *

Le dessert s'achève à onze heures et demie du soir.

— C'est une abomination, s'écrie Trinquette, échauffée par un certain pomard.. Tu avais promis de m'emmener à la campagne... J'ai eu beau t'avertir... Voilà bientôt minuit! C'était bien la peine de me réveiller avec l'aube.

— Ma sultane, la campagne est surtout belle la nuit. Je te dois un dédommagement. Prenons une voiture et allons faire un tour au bois, c'est déjà du vert.

— Allons !

Mais comme ils entrent aux Champs-Élysées, on aperçoit un café encore ouvert.

— Cocher, arrête! vocifère Balthazar, je meurs de soif... Je fais un bischoff en cent liés.

*
* *

A une heure du matin, un garçon réclame l'intervention de deux sergents de ville pour expulser des consommateurs obstinés.

C'est Balthazar qui achève avec Trinquette sa partie de campagne.

Il n'en a jamais fait et n'en fera jamais
d'autre.

Convenez que le voyageur platonique avait
bien droit à une mention honorable.

XI

TRAVERSÉE AU PETIT COURS

Mille sabords !

La Seine a beau ne pas être salée, — et pourquoi ne la salerait-on pas ? — ses *steamers* sont une précieuse consolation pour les amours-propres qui souffrent de ne pas voir Paris port de mer.

Aussi l'affluence est-elle toujours considérable à bord du bateau à vapeur qui va exécuter le voyage du pont Royal au pont de Saint-Cloud. Ce *packet* témoigne, par les hoquets de sa chaudière, qu'il se plaint de la corde qui l'attache au rivage.

Un marin qui, — les jours ouvrables, — doit demeurer rue Tirechappe, au sixième sur le derrière, exécute, depuis environ trois quarts-d'heure, une symphonie de cloche à lézarder les parapets d'alentour.

Il ne s'interrompt, dans cette aimable occupation, que pour répondre aux interpellations des passagers, qui l'interrogent sur l'heure du départ.

La réponse est invariablement :

— Tout de suite.

Après quoi il reprend *allegretto* ses *soli* de carillon.

La foule, cependant, a fini par encombrer avec une telle profusion le pont du navire, qu'on n'y trouverait plus place pour la plus maigre des danseuses de l'Opéra. Jugez !

Un dernier trille est exécuté par le marin vir-

tuose sur son drelin din din. Un frémissement,
qui court dans les rangs des badauds étagés
sur le Pont-Royal, indique que l'*Arcas* a levé
l'ancre.

UN BOURGEOIS.

Enfin, nous voilà partis !

UNE BOURGEOISE.

C'était bien la peine de me faire tant presser
pour poser une heure au soleil. J'en ai cassé la
baleine de mon corset.

LE BOURGEOIS.

Je ne saisis pas quel rapport peut avoir le soleil avec la rupture d'une baleine. *(Finement.)* Je
ne puis malheureusement t'offrir de pêcher sur
place un de ces cétacés. L'histoire naturelle s'y
oppose... Tintin, ne t'approche pas trop près du
bord, tu pourrais tomber à l'eau.

UN AGRÉABLE FARCEUR.

Infortuné Tintin ! Il est perdu !...

LE BOURGEOIS.

Ciel !

.LE FARCEUR.

Bah! un enfant de plus ou de moins.

LE BOURGEOIS.

Monsieur, Tintin n'est pas un enfant de plus ou de moins, c'est mon fils, l'espoir de ma race... Polymnie, attention, nous allons passer sous le pont de la Concorde. On l'appelait jadis le pont de la Révolution, vu qu'il fut construit par Louis XV.

UN PROVINCIAL.

Peuh ! Nous en avons un pont dans notre sous-préfecture qui est autrement bâti que cela.

LE MARIN CARILLONNEUR.

Gare la graisse ! Je baisse le tuyau.

Le tuyau exécute en effet une descente qui inonde les assistants d'une fumée nauséabonde.

UN MONSIEUR EMPRESSÉ.

Permettez-moi, madame, de vous faire un rempart de mon corps.

LA BOURGEOISE, à son mari.

Ce monsieur est fort bien.

LE BOURGEOIS.

Le pont d'Iéna! Tintin, rappelez-vous que
c'est ce pont que les alliés, à l'époque de nos
douloureux revers, voulurent faire sauter. Ce
souvenir doit évoquer dans votre cœur une pa-
triotique émotion... Blücher venait d'entrer à
Paris.

LE JEUNE TINTIN.

P'pa, est-ce qu'on ne vend pas des chaussons sur
le bateau ? j'en veux !

LE BOURGEOIS.

Voici le Champ-de-Mars, mon fils. Magnifique
lieu de manœuvres consacré aux évolutions de
nos vaillants troupiers. Il fut agrandi en 1848 par
les ateliers nationaux.

LE PROVINCIAL.

Peuh! Il y en a un champ de manœuvre dans
notre sous-préfecture qui est le double de celui-là

UN AMOUREUX.

Regarde, mignonne. L'île de Grenelle, elle-même me paraît une oasis aujourd'hui. La cheminée de ces fabriques de toile cirée me parle d'idéal. Je trouverais de la poésie aux produits chimiques. Tout cela parce que tu es près de moi, faisant du soleil dans mon cœur.

L'AMOUREUSE.

Ah!... (*à part.*) Est-il vexatoire cet être-là avec ses tirades sentimentales!... Un rat qui n'a seulement pas voulu m'acheter un chapeau hidalgo pour venir à la campagne.

LA BOURGEOISE.

Tiens! Il pleut!

LE BOURGEOIS.

Avec un soleil pareil. C'est invraisemblable. Les lois de la nature s'y opposent.

LE JEUNE TINTIN.

Eh non! c'est la roue du bateau qui fait *pfou! pfou!*

LE MONSIEUR EMPRESSÉ.

Permettez-moi, madame; de vous garantir.

LA BOURGEOISE.

Il est vraiment charmant, ce monsieur.

LE BOURGEOIS.

Tintin, à votre gauche, mon ami, la plaine de Grenelle, où fut fusillé le général Mallet. Répétez, Tintin. Qui est-ce qui fut fusillé dans la plaine de Grenelle?

LE JEUNE TINTIN.

Ça m'embête, moi, qu'il n'y ait pas de chaussons.

UN GUITARISTE, monté à bord de l'*Arcas* pour charmer la traversée.

Pour ton amour, ma blanche Marguerite,
Je donnerais ma couronne de roi!...

(Il tend son chapeau aux passagers pour leur soutirer un faible sou.)

L'AMOUREUX.

Oh ! oui, mignonne, il a raison. Ma couronne de roi. Moi aussi, je la donnerais, si j'en avais une...

L'AMOUREUSE, à part.

Surtout ! Un homme qui regarde à une paire de bottines !

LE BOURGEOIS.

Tintin, la guitare est un instrument dont l'origine se perd dans la nuit des temps... Répétez, Tintin : Dans quoi se perd l'origine de la guitare ?...

L'AMOUREUX.

Que je voudrais être loin de cette foule importune qui trouble notre bonheur.

L'AMOUREUSE, à part.

Merci... Le tête-à-tête n'est admissible qu'à table, parce qu'en mangeant il ne peut pas me réciter ses élégies.

LE BOURGEOIS.

Tintin !... Venez que je vous explique le méca-
nisme de la machine à vapeur. Cette machine,
mon ami, fut inventée par un nommé Fulton, un
génie méconnu qui mourut à Londres, obscur employé dans un ministère comme votre père, Tintin, qui aurait peut-être été un grand homme, si
la nature lui en avait donné les facultés.

LE JEUNE TINTIN.

P'pa, j'ai soif !

LE BOURGEOIS.

Fulton avait présenté sa machine à Napoléon
qui, malgré ses talents, ne comprit pas la sublime
découverte... Ah ! si c'eût été moi !

LE PROVINCIAL.

Peuh ! Il y a un bateau à vapeur sur la rivière
qui passe dans notre sous-préfecture... sa machine est bien trois fois comme celle-là.

LA BOURGEOISE.

Quel est donc ce point noir là-bas... à fleur

d’eau?.. Serait-ce un récif?.. Je vous l’avais bien dit, monsieur Rabinois, qu’il était périlleux de confier ses jours à...

LE MONSIEUR EMPRESSÉ.

Rassurez-vous, madame, il n’existe aucun récif dans ce fleuve paisible, et je le regrette ; car j’aurais été heureux de vous arracher à un péril.

LA BOURGEOISE.

Vous êtes trop bon, monsieur.

LE BOURGEOIS.

Tintin, à votre gauche, c’est le viaduc du chemin de fer de l’Ouest. Les viaducs sont d’origine très-ancienne. Les Romains en faisaient usage. Répétez !

LE JEUNE TINTIN.

Que je répète, quoi?... Le chemin de fer de l’Ouest est très-ancien, les Romains en faisaient usage.

LE BOURGEOIS.

Mais, petit malheureux !...

LE PROVINCIAL.

Peuh! Il y en a un viaduc à deux lieues de notre sous-préfecture. Il est autrement solide que cela.

L'AMOUREUX.

Mignonne est rêveuse? Mignonne pense à celui qui l'aime de toutes les forces de...

L'AMOUREUSE.

Je pense que tu devrais bien me payer une robe de soie mauve, comme celle de cette dame là-bas.

LA BOURGEOISE.

Tiens! des canotiers!

LE BOURGEOIS.

Tintin, venez que je vous explique les origines du canotage. Vous voyez bien ces messieurs en gilets de flanelle de cérémonie?...

L'ÉQUIPAGE DU CANOT, interrompant la démonstration par ses cris.

Eh! là-bas! le petit père au chapeau gris!...

Ça va bien?.. Merci!... Est-ce que c'est madame qui figure à tes côtés?... Mes compliments, on n'est pas mieux assorti!... Les deux laideurs font la paire... Ohé! papa, pardonne-nous... Nous ne te reconduisons pas plus loin, la friture nous attend et s'y oppose.

LE PROVINCIAL.

Peuh! Nous avons dans notre sous-préfecture les Pilois et les Grinoux qui sont des canotiers autrement bâtis que cela!

LE PERCEPTEUR, passant dans les rangs.

Un franc, s'il vous plaît!

LE BOURGEOIS.

Comment! un franc! en omnibus, ce n'est que trente centimes.

LE PERCEPTEUR.

Un franc, s'il vous plaît!

LE BOURGEOIS.

Mais, Tintin ne doit payer que demi-place, il n'a que trois ans.

LE JEUNE TINTIN.

Trois ans pour le bateau à vapeur; mais de vrai j'ai cinq ans et demi, na!

LE PROVINCIAL.

Peuh! Si nous avions dans notre sous-préfecture des enfants mal élevés comme cela!...

LE BOURGEOIS.

Quel point de vue!... Le parc de Saint-Cloud! Polymnie! Tintin! voici la lanterne de Démosthènes. Le vulgaire dit : de Diogène; mais cet édifice est ainsi baptisé en mémoire d'une tour dans laquelle, au bord de la mer, le fameux orateur grec allait s'exercer à prononcer distinctement en se mettant des cailloux dans la bouche... Tintin, qui est-ce qui allait dans une tour au bord de la mer, en se mettant des cailloux dans la bouche, s'exercer à...

LE PERCEPTEUR.

Attention en débarquant! Les billets à la main!

LE BOURGEOIS.

Comment! déjà arrivés!

LE PROVINCIAL.

Peuh! c'est cela le parc de Saint-Cloud. Notre sous-préfecture a un jardin qui est autrement joli que...

LE MONSIEUR EMPRESSÉ.

Madame, acceptez ma main pour franchir la passerelle. (*Il l'enlace.*)

L'AMOUREUX.

Mignonne, devant ces arbres séculaires, je te jure que mon cœur tout entier...

L'AMOUREUSE, à part.

Et il ne pense seulement pas à mon terme!

LA BOURGEOISE.

C'est égal... Il y avait sur le bateau un monsieur bien charmant... Ciel! mon porte-monnaie qui a disparu... Volée!

LE BOURGEOIS.

♦

C'est lui, le monsieur charmant... J'en étais sûr... Tintin, que cet exemple vous serve de leçon. A notre époque, il n'y a de poli que les filous... Répétez... Qui est-ce qui est poli à notre époque?.....

LE JEUNE TINTIN, apercevant une marchande de gâteaux.

P'pa! du flan!

XII

L'AMÉRICAIN

En vérité, je ne suis pas heureux dans le choix de mes titres.

Celui de ce chapitre est encore capable de vous donner des émotions politiques. Si vous alliez vous imaginer que je veux traiter incidemment le conflit des États-Unis et la question de l'esclavage !

Vous ne feriez pas, n'est-il pas vrai, cette supposition blessante ?

L'omnibus à rails, système américain, — ou par

abréviation : *l'omnibus américain,* — ou par condensation suprême : *l'américain* tout court, — est un des moyens de transport le plus en faveur auprès du bourgeois de Paris.

Pourquoi ?

J'ai longtemps étudié ce point d'interrogation, — et sous toutes ses faces.

Évidemment, ce ne peut être parce qu'on y gémit un peu plus étroitement empilé que dans les omnibus nature ;

Ou parce qu'on y consomme de Paris à Versailles un demi-litre de poussière par tête ; — ce qui, vu la quantité des voyageurs quotidiens, — explique les réparations perpétuelles dont le macadam a besoin dans ces parages.

Je crois bien. On le mange !

Je ne saurais, non plus, voir un motif sérieux de préférence dans les cahots soudains et épouvantables qui impriment à ce mastodonte à quatre roues des tangages inattendus.

Ces tangages ont pour cause les déraillements de la lourde machine.

Vous êtes bien tranquillement assis, vous dormez parfois, vous rêvez peut-être. Soudain il vous semble que vous versez. Bataille de têtes.

Le cocher cependant rit, sur son siége, avec une béatitude extatique. Il paraît que rien n'est plus amusant pour un cocher que de jouer des castagnettes avec les crânes de ses semblables.

Qu'est-il arrivé?

Je vous l'ai dit : on a déraillé.

Aussitôt le conducteur descend et engage des paris avec le cocher :

—Il rentrera dans le rail... il ne rentrera pas... il rentrera...

Et tandis que ces folâtreries charment la route de ces messieurs, vous continuez à osciller comme un balancier épileptique, aux soubresauts furieux de la machine qui laboure les cailloux.

Non, encore une fois, ce ne peut être ce genre de récréation qui fait chérir l'*américain* de M. Prudhomme.

Cherchons donc toujours, — et peut-être nous trouverons.

De tous les omnibus, l'*américain* est le seul qui permette aux dames de monter sur l'impériale.

Ah! ah! je crois cette fois que je brûle.

Un vert-galant que ce Prudhomme.

Il y a donc le chapitre de l'ascension et de la descente.

> Ma barque est si petite,
> Et la mer est si grande!

Les escaliers sont si étroits et les crinolines sont si larges, que ce scélérat de Prudhomme saisit au vol la cambrure d'un pied nerveux, l'attache d'une cheville honnête et modérée...

Nous qui nous demandions pourquoi Prudhomme aimait l'*américain*.

Sans compter un autre charme inhérent à cette institution. Les conducteurs et cochers jouent tous de la cornemuse pendant la route.

Ce n'est qu'une note, il est vrai, mais quelle te! Avec de l'imagination, on arrive à se persuader qu'on voyage en Suisse ; on prend le mont Valérien pour le mont Blanc ; le *Pied qui r'mue* joué par un orgue pour le *Ranz des vaches*, et on appelle sa voisine Bettly ou son voisin Guillaume Tell !

Cette cornemuse imposée à ses employés par l'*américain* est un trait de génie.

C'est l'Helvétie à la portée de toutes les bourses ! C'est la poésie avec correspondance.

Conducteur, donne encore ta note, mon ami. Donne-la, je t'en prie. Elle m'exalte.

Il l'a donnée. Gloire à l'*américain!*

L'*américain* est l'avant-coureur de la locomotion de l'avenir. On roule là-dedans soixante à la fois, — en attendant qu'on imagine un moyen pour transporter un arrondissement tout entier d'un seul voyage.

On a bien, — les journaux en ont parlé, — fait voyager, dans la vraie Amérique cette fois, des maisons entières, avec fondations et locataires...

Ce qui, par parenthèse, m'a toujours semblé excessivement imprudent.

Car enfin, si non-seulement les créanciers, mais encore leurs magasins se mettent à courir dans les rues après le pauvre monde, je déclare qu'il n'y a plus de civilisation possible.

XIII

C'était le cri des vieux Gaulois. C'est le cri des Français modernes.

Siècle de fer. Cœur de fer. Chemins de fer. Du fer! du fer!... Partout du fer!

Ce qui n'empêche pas d'aimer l'argent, mon Dieu!

Mais le chemin de fer est désormais le roi du voyage. Place! place!...

Son front est couronné d'une aigrette de fumée,

son souffle ébranle au loin les bois et les forêts, dans sa poitrine embrasée bouillonne la flamme sans cesse ravivée.

Voilà pour l'idéal.

Pour le côté réalité, le chemin de fer est un commerçant en casquette de cuir bouilli qui débite des morceaux de carton dans une échoppe grillée comme la cage des singes, — au Jardin des Plantes.

Pile ou face.

Toutes les choses de ce monde changent ainsi d'aspect, suivant le point où l'on se place pour les regarder.

Ainsi du chemin de fer.

Si les poètes contemporains étaient des poètes, ils auraient trouvé dans l'histoire du chemin de fer la plus sublime des épopées, la plus touchante des élégies, la plus éloquente des odes.

Par contre, la fantaisie et l'observation y rencontrent la plus complète galerie d'originaux, le plus riche musée de ridicules, de travers, d'études de mœurs.

Le chemin de fer, c'est la fourmilière à deux voies, sur laquelle grouille le monde entier.

Sur les lames immobiles et insensibles glissent incessamment les passions les plus honteuses, les élans les plus généreux ; l'usurier qui court après son argent ou le soldat qui court après la gloire.

Le chemin de fer conduit à Mazas, il mène à Solferino.

Jud à un bout, Stephenson à l'autre.

Et dans le milieu les contrastes les plus étranges, les spectacles les plus grotesques, les bigarrures les plus inconhérentes.

Naturellement nous ne nous servirons que du petit bout de la lorgnette.

Nous laissons à M. Viennet le soin de faire, — quand il sera vieux, — la *Chemindeferiade*, — poème en soixante-quinze chants.

Ne parlons pas trop haut. Il en mettrait cent.

XIV

LA STATION DE BÉOTIE

Vous ne la trouverez sur aucune carte. L'a-
mour-propre ne s'avoue pas ces choses-là. Mais la
station de Béotie n'en est pas moins la plus hantée
de toutes les stations des cinq parties du globe.

Que dis-je ?

Il y a une station de Béotie sur chaque ligne, —
quand il n'y en a pas deux, trois, dix.

Ne poussons pas les chiffres plus loin, nous finirions par convenir que la station de Béotie est partout à la fois.

Ni hommes, ni femmes, tous Béotiens.

Vous les reconnaîtrez à leur langage, car ils ont l'habitude de parler d'autant plus haut qu'ils ne disent que des sottises.

Est-ce avant le départ?

Les Béotiens causent déjà :

— J'ai bien peur que nous n'ayons de l'eau.

— C'est un bon temps.

— Un bon temps!... Cela dépend.

— Cela dépend, oui... mais pour les biens de la terre.

— Vous m'en direz tant.

Le convoi arrive-t-il?

— Hein! tout de même!...

— Oui, quelle machine!

— Drôle d'invention ! Celui qui a eu cette idée-là...

— Monsieur, on l'a mis à Bicêtre, où on conserve son portrait.

— Il est bien temps.

— Comme s'il n'aurait pas mieux valu lui donner une bonne place.

— Prenez garde, n'approchez pas trop.

— Je sais bien.

— Quand je pense! si on se mettait en travers sur les rails!

— Une fameuse capilotade.

— Il y a cependant des gens qui le font.

— Ça devrait être puni.

— Mais quand ils sont morts?

— Ils ont des héritiers...

— Hein !... Quel choc!

— C'est le départ... Des machines pareilles, il m'est impossible de m'imaginer comment ça peut traîner tant de monde.

— La vapeur.

— Je sais bien que c'est la vapeur; mais après?

— Après... Puisqu'on vous dit : la vapeur.

— Tant que vous voudrez ; mais cette vapeur...

— Certainement. Il n'y a pas à en sortir.

La station de Béotie a ainsi ses dialogues stéréotypés pour toutes les circonstances de la vie des locomotives.

Mais son triomphe, c'est surtout la comédie des dimanches soirs, l'été, aux environs de Paris.

*
* *

La salle et ses alentours regorgent de citoyens, de citoyennes et de rejetons des susdits ou susdites.

Ce qu'on appelle la *plus franche gaîté* règne en ces lieux charmants ; c'est-à-dire que, vu la fête du village voisin, — ô Opéra-Comique, — plusieurs calicots en compagnie de leur féminin se livrent à des *douzuors* de mirliton et de crécelle.

Après avoir tout le jour fait consister le bon-

heur à laisser consommer l'épiderme de leur nez
par des coups de soleil voraces, et à se promener
dans les cafés de l'endroit, avec leur pantalon in-
sinué d'ans la tige de leurs bottes, des canotiers
sont là, titubant sous le poids de l'émotion légitime que causent les litres du crû.

Six musiciens qui ont asticoté tout le soir des
instruments divers au bal de l'endroit, attendent
dans un coin le convoi qui leur permettra d'aller
déposer aux pieds de leur famille, les trois francs
qu'ils ont gagnés à la sueur de leurs lèvres.

Bourgeois, bourgeoises, habits, panamas, chapeaux féminins de toutes les dimensions, menu
peuple, figurants, etc., etc.

DANS LA SALLE RÉSERVÉE AUX PREMIÈRES

UN CHAPEAU GRIS.

Des gens charmants que ces Rimblots.

UN PANTALON BLANC.

Un peu communs.

UN CHAPEAU ROSE.

Dites horriblement. Les parvenus sentent toujours la boutique.

LE CHAPEAU GRIS.

Pourtant...

LE PANTALON BLANC.

Avez-vous vu leur dîner?...

LE CHAPEAU GRIS.

Il m'a semblé excellent.

LE CHAPEAU ROSE.

Excellent, et surtout ordonné avec goût... Pourquoi n'ont-ils pas servi un poulet à chaque service? Cela aurait coûté plus cher et leur vanité aurait pu triompher plus à l'aise.

LE CHAPEAU GRIS.

A la campagne, que voulez-vous?

LE PANTALON BLANC.

Laissez donc, vous prenez leur défense parce que vous faites la cour à la nièce.

LE CHAPEAU GRIS.

Moi !

LE PANTALON BLANC.

Vous avez raison ! Un million de dot. Ce qui n'empêche pas que ce soient les plus sots enrichis du monde.

LE CHAPEAU GRIS.

Vous les voyez pourtant.

LE CHAPEAU ROSE.

Comme sujet de caricature. Dieu merci ! la mine est féconde ! Avez-vous remarqué de quelle façon était fagotée, cette pauvre madame Rimblot ?

.   .   .   .

DANS LE RÉCEPTACLE DES SECONDES

Le colloque est encore plus morcelé que ne l'est la propriété en France, laquelle est pourtant la chose la plus morcelée au monde, au dire des économistes.

Demandes, réponses, apostrophes, cris, imitation du chat, du chien, des oiseaux, tout se croise

et se confond en un brouhaha, au milieu duquel
il est malaisé de suivre le fil des déraisonnements
de chacun.

GROUPE DE CALICOTS.

Chœur.

J'ai un pied qui r'mue,
Et l'autre qui ne va guère...

GROUPE DE CANOTIERS.

Chœur

En revenant de Bougival en France,
Rou, piou, piou, rou, piou, piou, tra là!...

GROUPE DE MUSICIENS.

Chœur.

. . . .

(Se chante en dedans, faute de souffle, les malheureux ayant donné tout ce qu'ils possédaient à
leurs cuivres variés.)

GROUPE DE BOURGEOIS.

Chœur.

Trente sous deux fricandeaux,
C'est moi qu'en ai plein le dos !
Deux pois quatre francs dix sous ;
Les traiteurs sont des filous.

GROUPE DE SOLDATS.

Chœur.

Anaïs était bien belle.
Je voudrais mourir près d'elle,
Mais si j'avais manqué l'train,
Je serais cloué demain !

Le convoi arrive. Avalanche, écrasements,
gloussements, hurlements.

LES EMPLOYÉS.

Chœur.

Montez-vous ? montez-vous ?
Dieu ! sont-ils assommants, tous !

LES OMBRES ERRANTES DE QUELQUES MALHEUREUX.

Chœur.

C'est complet partout !...
Allons voir à l'autre bout.

Parvenus à l'autre extrémité du train, les malheureux en question recommencent en sens inverse.

LE SIFFLET DU CONDUCTEUR.

Pssssssssssi !

LA LOCOMOTIVE.

Hûûûûûûûûûûû !

TOUS LES CHOEURS PRÉCÉDENTS, se mêlant en un hourrah.

J'ai un pied qui r'mue.
En revenant de Bougival en France.
Deux pois quatre francs dix sous.
Anaïs était bien belle.
Dieu ! sont-ils assommants, tous!

UN MONSIEUR, passant, éploré, sa tête par la portière.

Pauline!... Où est Pauline?...Pauline est restée
à la station... Arrêtez!...

LA LOCOMOTIVE, se tordant de rire.

Hûûûûû!...

XV

LE TRAIN DE CINQ HEURES

Produit incestueux de la bureaucratie et de la villégiaturomanie.

On est parti dès le matin, laissant madame seule à la maison. O grâces d'état !

Le train de cinq heures ramène à heure fixe, — est-ce commode pour elles — tous les habitants de ces cages à Parisiens qui ont poussé comme des champignons autour de la capitale.

L'habitué du train de cinq heures revient souvent avec un melon, — pour ne pas être seul.

Les conversations de ce train sont spécialement palpitantes :

— Qu'a fait la Bourse ?

— 10 centimes de baisse.

— Quoi de nouveau chez vous ?

— Hé ! hé !

— Ah bah ! quelque chose ?

— Il est question de changer les boutons de l'uniforme de nos garçons de bureau.

— Diable !

— Et chez vous ?

— Nous avons un employé de la comptabilité qui s'est coupé un cor jusqu'au vif, et qui est au lit depuis trois jours.

— Rien n'est plus dangereux. C'est comme cela qu'est mort M. Vigier, celui qui tenait les bains.

— Parbleu !... Un garçon qui gagne deux mille quatre et qui fait des imprudences pareilles.

— Il n'a que ce qu'il mérite. Et madame va bien?

— Très-bien. Elle cueille nos haricots aujourd'hui.

— Vous avez du haricot chez vous?

— Au moins six livres.

— C'est important!... Nous, nous faisons des confitures en ce moment.

— Avec vos fruits?

— Comme vous dites... A propos.

— Quoi donc?

— Est-ce que dans votre administration on fait une retenue sur les appointements pour la caisse des retraites?

— Oui, monsieur.

— Eh bien, chez nous, on vient de porter la retenue de 5 à 7 pour cent.

.   .   .   .

Un statisticien a calculé que, si le train de cinq heures déraillait à la fois sur toutes les lignes de banlieue, il y aurait le lendemain :

Vingt-huit places de chefs de division — va-
cantes ;

Idem. — Cinquante places de chefs de bureau :

Idem. — Quatre-vingt-douze de sous-chefs;

Idem — Quatre cent soixante de simples employés.

Puisse ce paragraphe mettre l'espérance au
cœur des postulants à un emploi quelconque !

Car le train de cinq heures peut dérailler comme
les autres; n'est-il pas vrai?

— Non-seulement il le peut, mais il le devrait,
fait au loin la foule des surnuméraires !

Merci de cette bonne parole !

XVI

LE TRAIN DE MINUIT ET DEMI

C'est la faute de d'Ennery-le-Tyran.

La légende raconte qu'il existait encore, — il y a seulement dix ans, — quelque candeur au cœur des populations que la langue officielle se plait à qualifier de suburbaines.

Les indigènes bornaient leur besoin d'émotion à la lecture du *Siècle*.

C'était doux et inoffensif.

Mais c'est la faute de d'Ennery-le-Tyran.

L'innocence insouciante de ces natures privilégiées pouvait-elle échapper à sa convoitise ?

Il avait d'abord accaparé un théâtre de drame,

Puis deux,

Puis trois,

Puis tous.

Il avait ensuite étendu le joug de sa littérature sur le centre de Paris,

Sur les extrémités,

Sur les faubourgs,

Sur les employés de l'octroi eux-mêmes.

Les fortifications — sainte barrière — s'élevaient pour protéger les régions plus lointaines.

Sauvées, mon Dieu !

Non !

D'Ennery-le-Tyran voulait que tout pliât sous sa loi dans un rayon de vingt kilomètres. (*Voir l'échelle de proportions*)

Et s'armant du poignard du traître, tenant à la main la croix de sa mère, il sortit par la petite porte du parc.

La nuit était sombre. C'était une nuit lugubre d'hiver.

Minuit tinta aux horloges d'alentour.

D'Ennery-le-Tyran se glissa dans la gare Saint-Lazare.

Un directeur veillait sur des chiffres.

D'Ennery-le-Tyran lui mit sous la gorge le couteau du traître, et lui tendant la croix de sa mère :

— Tremble et écoute.

Par l'enfer ! un mot, un geste, et tu es mort !

Le directeur essuya, avec un frisson, les verres de ses lunettes.

— Je m'appelle d'Ennery, reprit le dramaturge.

Paris, les Batignolles, Montmartre, La Villette, La Chapelle, Bercy et Vaugirard sont réunis sous mon sceptre.

Vive l'annexion !

Mais l'appétit vient en mangeant.

Il me faut les banlieues, il me les faut, entends-tu ?

Et je décrète :

Article premier. — A dater de demain, un train spécial reconduira, à minuit et demi, tous les admirateurs accourus à mes drames, des lointaines régions de Saint-Germain, Nanterre et autres lieux.

— Soit, balbutia le directeur.

— *Soit* est insuffisant. Jure! ou cette lame de Tolède...

Il jura!!!

. . .   .

Depuis lors, les populations suburbaines qui jouissaient de sentiments purs ont été perdues.

Depuis lors, — tous les soirs — à minuit — l'heure de ses drames. — on voit arriver de longues files de victimes, abattues, ravagées, déformées par la prose qu'elles viennent d'entendre.

Ce sont les voyageurs du train de minuit et demi, ou train-d'Ennery.

Ils montent en wagon, l'œil morne et la tête baissée, songeant au suprême et dernier tableau, à la mort de l'héroïne, aux coups de tonnerre de Jupiter-Damaine.

A la première station leur tête, écrasée par les souvenirs des tirades endurées, somnole et retombe sur leur poitrine.

A la seconde station, le rêve commence chez les deux sexes.

Un affreux cauchemar, messeigneurs!

Ils rêvent — tous, hommes et femmes — que le chauffeur de la locomotive qui les conduit aime une belle jeune fille, élevée en secret à Saint-Cloud par l'aveugle qui joue de la clarinette sur les hauteurs de Montretout.

Ils rêvent que le mécanicien — un gentilhomme que des revers ont forcé à se mettre dans l'industrie — est épris de la même belle jeune fille, qui n'est autre que le fruit de la faute d'une duchesse du faubourg Saint-Germain.

Ils rêvent que le chauffeur et le mécanicien, en causant de leur amour, pendant la marche du train, en viennent à une querelle violente.

Ils rêvent qu'un duel a lieu sur le tender de la locomotive.

Ils rêvent que le mécanicien, qui prend dans leur imagination les traits de Paulin Menier, saisit corps à corps le chauffeur, qui leur apparaît sous la figure de Lacressonnière.

Ils rêvent que les deux combattants roulent sous les roues de leur machine, qui les écrase.

Ils rêvent qu'alors la locomotive n'ayant plus ni Paulin Menier ni Lacressonnière pour arrêter sa course, dépasse les stations ordinaires;

S'élance sur l'embranchement du Hâvre.

Ils rêvent que la vitesse, ainsi exaspérée, devient effroyable;

Qu'ils franchissent les villages et les villes;

Qu'ils franchissent Mantes;

Qu'ils franchissent Rouen;

Qu'ils franchissent le Hâvre!...

Ils rêvent que le convoi se précipite à travers la cloison de la gare dans la ville.

Traverse les rues,

Saute dans la mer,

Et...

Ils se réveillent aux cris du conducteur annonçant qu'on est arrivé, regagnent engourdis, hallucinés, leur demeure, se couchent à deux heures du matin, contractent, dans ces veilles exagérées, le germe des plus funestes maladies, — et concourent ainsi à la dégénérescence de la race humaine.

Horribles conséquences du train de minuit et demi !

Plaignons-les les populations suburbaines et ne leur en veuillons pas.

C'est la faute de d'Ennery-le-Tyran !

XVII

LES TRAINS DE PLAISIR

Une fausse peur que j'ai voulu vous faire.

M. Clairville y a trop touché pour que j'y mette
la plume.

XVIII

LE TRAIN DE CARNAGE

En revanche il faut bien dire un mot d'une invention nouvelle.

Les *semaines à Londres* étaient usées jusqu'à la corde, les excursions au Havre, pour voir la mer, faisaient hausser les épaules de pitié au boutiquier le plus endurci.

Quant à la Suisse et à ses glaciers, étiquetés comme des bocaux dans la boutique d'un pharmacien, quelques amateurs, esclaves de leurs habitudes, continuaient seuls à les déshonorer de leur visite. Il fallait du nouveau, — n'en fût-il plus au monde.

C'est alors que les trois premières parties du monde ne suffisant plus, un malin a imaginé de recourir à la quatrième.

Moyennant un prix fixe de 3,000 francs, il s'est trouvé un entrepreneur qui se charge de transporter ses pratiques aux États-Unis et de les ramener.

Mais, bornée à cela, l'entreprise ne se serait pas assez distinguée de ses semblables.

Une fois à New-York, l'homme inventif s'engage à vous faire visiter le théâtre de la guerre d'Amérique.

Il faudrait ne pas avoir 3,000 francs pour se refuser de si poignantes émotions.

Car jamais programme ne réunit tant d'attraits. Oh! non, jamais!

Jugez plutôt :

PROGRAMME

DES

TRAINS DE CARNAGE

DE LA COMPAGNIE FRANCO-AMÉRICAINE

Le 12. — Partir du Hàvre.

Le 13. — Avoir un mal de mer tellement violent qu'on s'apprête à faire son testament.

Le 14. — Continuation de la précédente récréation.

Le 15. — Ne pouvoir ni dormir, ni manger, par suite du délabrement, causé par les douleurs antérieures.

Le 16. — Commencer à avaler un verre de tisane ; mais être troublé dans ce bonheur par l'aspect assombri du capitaine.

Le 17. — Avoir l'explication de cet aspect, en voyant la mer devenir furibonde.

Le 18. — Tempête épouvantable.

Le 19. — Etre dans un canot dépourvu de provisions. Toucher au moment où l'on va tirer au sort pour s'entre dévorer. *(Sensation complètement nouvelle et spécialement recommandée aux amateurs.)*

Le 20. — Etre poursuivi par un corsaire du Nord qui vous a pris pour un bateau du Sud.

Le 21. — Etre pousuivi par un corsaire du Sud qui vous a pris pour un bateau du Nord.

Le 22 — Toucher terre après ces péripéties que la plume ne peut suffire à retracer.

Le 23. — Partir pour le camp des Fédéraux. Ressentir les premières atteintes de la fièvre jaune.

Le 24. — Se croire perdu. (*Puissantes impressions qui ne peuvent manquer d'être appréciées par les personnes amies de l'imprévu.*)

Le 25. — Garder le lit pour conjurer le *vomito*.

Le 26. — Etre réveillé par la canonnade. — C'est la bataille annoncée sur les prospectus.

PREMIER NOTA. — Il y a un supplément, à savoir :

50 francs pour regarder de très-loin dans une lunette. — Quart d'émotion.

100 francs pour être à portée de canon. — Demi-émotion.

200 francs pour être à portée de la balle, seule façon de pouvoir se pénétrer de la sublime horreur de ces scènes grandioses.

SECOND NOTA. — Les blessures se paient à part.

C'est un avantage que la compagnie ne peut garantir qu'aux personnes qui prennent leurs billets à l'avance.

TROISIÈME NOTA. — Lorsque la blessure nécessite une amputation, — glorieuse manière de rapporter en France un souvenir éternel de son voyage, — on traitera de gré à gré avec l'administration.

S'adresser à *Paris*, rue...

Vous voyez que le train de carnage a, du moins, le mérite d'échapper à la banalité.

Il faudra qu'un homme ait le spleen bien invétéré pour que de semblables distractions ne parviennent pas à changer le cours de ses idées.

Pourquoi, d'ailleurs, empêcher la spéculation de réaliser ses petits bénéfices, et les gens de se faire massacrer à prix fixe?

Il faut que tout le monde vive.

XIX

LE TRAIN EXPRESS

Le théâtre représente un de ces compartiments, ou plutôt une de ces boîtes, dans lesquelles les chemins de fer empilent la matière voyageante, et où, sous prétexte qu'on a payé une *première classe,* on ne peut ni tirer son mouchoir de sa poche, ni installer ses jambes, ni respirer. — A cela près, le plus joli lieu du monde.

Six personnages : — Un mari, en compagnie de sa femme. — Un homme de mauvais augure.

— Un monsieur pressé. — Un Anglais. — Un employé, *à la cantonade.*

Bruits de locomotive, sifflets, clapotements de roues et autres musiques de circonstance.

SCÈNE PREMIÈRE.

Neuf heures du soir. — Le train express vient de quitter la gare.

Tous les personnages, pleins d'ardeur, se préparent héroïquement à faire face aux fatigues du voyage, et s'accommodent de façon à être le moins gênés qu'ils peuvent, quitte à gêner le plus possible les autres.

LE MARI, tirant de sa poche un journal.

Pardon, monsieur, vous permettez?... (*Il se penche en avant pour absorber toute la lumière du fanal fumeux qui rougeoie au plafond.*)

L'HOMME DE MAUVAIS AUGURE.

Volontiers, monsieur ; seulement, je crois devoir vous prévenir que rien n'est plus dangereux que ce que vous faites-là. Un de mes amis a contracté ainsi une ophthalmie qui a bientôt dégénéré en cataracte. Finalement, il en a perdu la vue.

LA DAME.

Ah !... C'est heureux qu'un étranger vous le dise. Si c'était moi, vous m'enverriez à tous les diables !

LE MARI.

Je n'enverrais rien du tout... Laissez-moi jeter un coup-d'œil... Le temps de m'assurer que la Bourse...

L'HOMME DE MAUVAIS AUGURE.

Elle doit avoir baissé.

L'Anglais tire de sa poche un paquet de gâteaux, et en commence l'attaque.

LE MARI.

Comment, baissé !...

L'HOMME DE MAUVAIS AUGURE.

Les affaires vont assez mal, Dieu merci ! J'en

sais quelque chose, moi qui suis dans le commerce !... Nous allons avoir la guerre, je ne vous
dis que cela !

LA DAME.

C'est bien heureux qu'un étranger. . Quand je
vous répétais que vous aviez tort de faire acheter
des actions en ce moment... Joli voyage, où vous
nous avez embarqués... pour nous ruiner.

LE MARI.

Mais monsieur n'affirme rien. Tu exagères... La
guerre, avec qui, monsieur?

L'HOMME DE MAUVAIS AUGURE.

Avec qui? Je n'en sais rien, mais mes pressenti-
ments ne me trompent jamais.

LE MARI, faisant des efforts surhumains pour arriver à lire son
journal.

Je ne puis parvenir à lire cette dépêche... Ces
wagons sont si mal éclairés.

LE MONSIEUR PRESSÉ, se mêlant à la conversation.

Et marchant avec une lenteur !... N'est-ce pas

scandaleux?... Les pataches finiront par leur rendre des points !...

L'HOMME DE MAUVAIS AUGURE.

Ne vous plaignez pas ; avec cette vitesse-là, il arrive encore assez d'accidents. Un homme de lettres, de mes amis, a publié une brochure où il se livre sur la statistique des rencontres à des calculs épouvantables... Rien que dans les trains express...

LA DAME.

Là !.. Je ne suis pas fâchée qu'un autre que moi me donne raison... Je ne voulais pas du train express, et vous avez absolument tenu...

L'Anglais se lève, prend son sac de nuit, installé sur un treillage au-dessus de sa tête, et en tire deux oranges qu'il épluche.

LE MARI.

Si l'on avait toujours peur du danger, on ne ferait point un pas... car...

L'EMPLOYÉ.

Vos billets, s'il vous plaît?

Chaque voyageur fournit son petit carré de carton, que l'employé perfore à l'aide d'une pince et rend ensuite à ses propriétaires.

LE MARI.

Où en étais-je donc?... Ces gens-là arrivent toujours pour déranger les voyageurs.

L'HOMME DE MAUVAIS AUGURE.

C'est un mal pour un bien, monsieur, sans cette surveillance... Voyez Jud...

LE MONSIEUR PRESSÉ.

Non ! c'est inouï !... Nous n'avançons pas plus que des colimaçons... On ne se moque pas du monde ainsi...

L'HOMME DE MAUVAIS AUGURE, se tournant, et à mi-voix.

Quelque banqueroutier frauduleux qui a peur de la gendarmerie...

L'Anglais, à qui ce discours s'adresse, avale, pour toute réponse, le contenu d'une petite bouteille qu'il porte en bandoulière.

LE MONSIEUR PRESSÉ, regardant sa montre.

Jamais nous n'arriverons… Jamais !

L'HOMME DE MAUVAIS AUGURE.

Le fait est qu'en chemin de fer, on n'est jamais
sûr d'arriver !

LE MONSIEUR PRESSÉ.

Oh ! Monsieur !… Si vous saviez !… Figurez-
vous…

L'EMPLOYÉ, à la portière.

Vos billets, s'il vous plaît ?

LE MARI.

Mais nous venons…

L'HOMME DE MAUVAIS AUGURE.

Donnez-les sans réflexion, ou vous vous rendrez passible d'une amende.

LA DAME.

Là ! je suis bien aise… Si c'était moi, vous ne
me croiriez pas. Je suis charmée qu'on vous donne
cette leçon….

LE MARI.

Mais...

L'EMPLOYÉ.

Vos billets, donc !

L'Anglais profite de ce qu'on examine le sien pour croquer quelques bonbons.

SCÈNE II.

Onze heures du soir. — Une vague somnolence a commencé à s'emparer de l'assistance. Soudain, au milieu du silence, un cri a retenti ; c'est le Monsieur pressé qui, à bout de patience :

— Sapristi !... C'est trop fort !

LE MARI, bondissant.

Hein ?... Qu'est-ce qu'il y a ?

L'HOMME DE MAUVAIS AUGURE.

Ce doit être une rencontre.

LA DAME.

Quand je vous l'avais dit... Avec un train express !

L'Anglais, pour faire face au péril, se leste d'un demi-sac de pâtes pectorales.

LE MONSIEUR PRESSÉ.

Il n'y a pas de rencontre, mais c'est exaspérant, à la fin ! Aller si doucement !...

LE MARI.

Comment ! c'est pour cela que vous poussez des clameurs semblables !...

LA DAME.

Allez-vous vous commettre, à présent ?

LE MONSIEUR PRESSÉ.

Daignez m'excuser, madame ; mais si vous pouviez savoir... Figurez-vous que je...

L'EMPLOYÉ.

Vos billets, s'il vous plaît ?... (*Il les contrôle de rechef.*)

L'HOMME DE MAUVAIS AUGURE.

Il lui arrivera malheur à cet homme, de se tenir ainsi sur un étroit marchepied.

LE MONSIEUR PRESSÉ.

Tant mieux, il paiera pour son administration... Quand je pense que je dois me marier demain matin... que ma fiancée... Il y a dix ans que nous nous aimons et que toujours des obstacles...

L'HOMME DE MAUVAIS AUGURE.

A votre place, je ne me marierais pas. Je verrais dans ces retards un avertissement du ciel.

LE MONSIEUR PRESSÉ.

Ne pas me marier ! Mais, monsieur, c'est le bonheur de ma vie que je me ravirais... Car le mariage c'est le bonheur de la vie !

LA DAME, à son mari.

Je suis bien aise qu'un étranger vous le rappelle, monsieur. Profitez de cet exemple.

LE MONSIEUR PRESSÉ.

Vous comprenez maintenant mes impatiences...
Chaque minute me paraît un vol que cette locomotive me fait... Je suis venu à Paris pour quelques formalités oubliées au sujet de mon acte de
naissance.

L'HOMME DE MAUVAIS AUGURE.

Prenez garde... La loi ne badine pas... La
moindre irrégularité peut annuler un mariage...

LE MONSIEUR PRESSÉ.

J'ai tout arrangé et je reviens pour... Est-il
possible, mais nous sommes arrêtés!... Il ne manquerait plus que cela.

LE MARI.

Essayez de dormir... Cela fera passer le
temps...

LE MONSIEUR PRESSÉ.

Dormir!... Jamais, monsieur... son souvenir
est là...

LE MARI.

Du moins n'empêchez pas les autres de...

LA DAME, à son mari.

Quel matérialisme!... Je suis enchantée qu'un inconnu...

L'HOMME DE MAUVAIS AUGURE.

D'autant mieux que la privation de sommeil est la cause première de la fièvre typhoïde, qui règne en ce moment.

Instant de silence. Tout le monde commence à sommeiller, excepté le monsieur pressé, lorsque l'employé, réapparaissant, réveille en sursaut les dormeurs par son :

— Vos billets, s'il vous plaît?

L'Anglais, rendu à son libre arbitre, mange une tablette de chocolat.

SCÈNE III.

Vingt minutes d'arrêt. Une heure du matin.— On est descendu au buffet.

L'HOMME DE MAUVAIS AUGURE.

Vous ne mangez pas. Vous avez tort. Vous vous rendrez malade.

LE MONSIEUR PRESSÉ.

Impossible d'avaler. L'angoisse m'étrangle.

LE MARI.

Garçon, un jambon.

L'HOMME DE MAUVAIS AUGURE.

Vous mangez trop. Vous avez tort. Vous vous ferez mal.

LA DAME.

Je suis bien aise que les étrangers vous le disent, car moi...

L'ANGLAIS, au garçon de salle.

Qu'est-ce ceci?... Sandwich... donnez...Ceci?... bouillon?... donnez... Ceci?... galantine?... donnez... Ceci?... donnez...

LE MONSIEUR PRESSÉ.

Ils n'en finiront pas!... Ils n'en finiront pas!...

SCÈNE IV.

Trois heures du matin.

Sommeil profond et complet. Tout le monde gît dans des poses uniformément disgracieuses.

L'EMPLOYÉ, qui n'a plus demandé les billets, apparaissant.

Valenciennes!... Valenciennes!...

LE MONSIEUR PRESSÉ, bondissant.

Comment Valenciennes!... Mais c'est impossible... Je vais à Arras... On m'attend

L'EMPLOYÉ.

Arras est passé depuis une heure...

L'HOMME DE MAUVAIS AUGURE.

Je vous avais bien dit que vous finiriez par dormir.

LE MONSIEUR PRESSÉ.

Mais c'est abominable!... Que pensera-t-on de moi?... Toute la famille qui... Après dix ans d'attente... Je... Elle... *(Il descend éperdu.)*

L'HOMME DE MAUVAIS AUGURE.

Cela ne m'étonnerait pas que ce monsieur devînt fou un jour ou l'autre.

LE MARI, à part.

Pour être si pressé, on voit bien qu'il ne sait pas ce que c'est.

LA DAME, qui a entendu.

Vous ne rougissez pas, monsieur... quand un étranger vous rappelle à vos devoirs par son dévouement?...

L'HOMME DE MAUVAIS AUGURE, à part.

Ceux-là ne tarderont pas à plaider en séparation. J'en réponds.

L'ANGLAIS, à l'employé qui referme la portière.

Pardon. On ne mangeait donc rien à cette station?...

XX

UN AFFREUX ACCIDENT VIENT DE...

Le choc avait été formidable.

Les débris jonchaient le sol. Les gémissements des victimes faisaient douloureusement retentir l'air. Un cataclysme de chairs meurtries, de membres mutilés.

Cependant un homme — le conducteur du train — courait pâle, éperdu, de l'avant à l'arrière, de l'arrière à l'avant, en répétant, avec un accent de profonde angoisse :

— Mon Dieu ! quel malheur !... mon Dieu ! quel désastre !... DES WAGONS TOUT NEUFS !

Je ne suis pas de cette école-là.

Je ne suis pas non plus de celle de certains optimistes qui, — en apprenant qu'un de leurs amis, père de six enfants, a été frappé d'apoplexie foudroyante, — s'écrient :

— La belle mort !... Il n'a pas dû souffrir.

Mais, comme on n'a pas encore, que je sache, trouvé le moyen de fabriquer une médaille sans revers, je vous conseille fortement la plus grande résignation en face des éventualités lugubres qui hérissent nécessairement le cours de tout voyage.

Et je vous le conseille, pour une foule d'excellentes raisons.

Premièrement, parce que vous ne pouvez absolument rien y faire... Ce *premièrement*-là pouvant au besoin me dispenser de toute autre considération, je m'empresse d'en ajouter plusieurs.

Un *affreux accident* arrive.

Qu'en résulte-t-il ?

Les journaux y trouvent matière à une tartine de quelques soixante lignes, payées à raison de 10 centimes au rédacteur.

Donc, cela encourage la littérature.

Les autorités circonvoisines se transportent avec empressement sur les lieux et se signalent par leur ardeur à se devancer réciproquement.

Donc, cela stimule le zèle des fonctionnaires.

Les curieux affluent. — Vu l'éloignement de la ville voisine, tout le monde est obligé de dîner au cabaret de l'endroit.

Donc, cela fait aller le commerce.

Les médecins d'alentour s'abattent avec enthousiasme sur cette besogne imprévue.

Donc, cela favorise les sciences.

Des procès nombreux s'entament entre la compagnie, d'une part, et les victimes ou leurs parents, de l'autre. Causes sonores et excellentes pour mettre un avocat en vue.

Donc, cela propage l'éloquence.

Une enquête est ouverte pour rechercher activement les causes du sinistre et proposer les mesures qui peuvent en épargner le retour. Probablement on n'aurait, sans ce sinistre, nullement songé à réformer quoi que ce fût dans l'organisme du chemin.

Donc, cela développe le progrès.

Enfin les feuilles illustrées fondent unanimement sur cette proie et reproduisent, sous les aspects les plus divers, les phases de la catastrophe.

Donc, cela donne une impulsion aux beaux-arts.

Trouvez-moi beaucoup d'événements heureux qui aient des résultats aussi féconds que cet *affreux accident,* qui fait fleurir les branches les plus augustes de notre arbre social!

Et je n'ai pas même fait entrer en ligne de compte les services que peut rendre *l'affreux accident* à la bourse de ceux qui en héritent, à l'amour-propre de ceux qui en réchappent, à la conversation de ceux qui ont failli y assister.

Ces derniers notamment, forment toute une corporation, — que dis-je, tout un peuple.

Oui, monsieur, ce sont des chiffres que je vais avoir l'honneur de vous soumettre.

Un mathématicien de mes amis — ancien élève des écoles, — a fait des calculs sérieux.

Ces calculs établissent que, la première année qui suivit la catastrophe de la rive gauche (8 mai 1842), le nombre des personnes qui avaient dû prendre ce train-là et étaient arrivées cinq minutes trop tard, s'élevait déjà à 12,600

En 1844, le même nombre des mêmes personnes qui avaient dû prendre le même train de la catastrophe et étaient arrivées cinq minutes trop tard, s'élevait à 30,582

En 1845, à   65,900

En 1846, à   234,121

En 1847, à   300,100

En 1848 (on remarque une halte à cause des préoccupations de la révolution) à   300,080

En 1849, à   531,221

En 1850, à   593,511

Enfin, en 1863, après des progressions successives, le nombre des personnes qui ont dû prendre le train du 8 mai et sont arrivées..... etc., a atteint 2,457,187. _ _ _ _ _ _ _ _ _

Supputez maintenant ce que ces personnes ont pu mettre au monde d'enfants dans la période de vingt-et un ans correspondante, et vous arriverez à un total monstrueux de gens qui vous raconteront comme quoi eux ou leurs pères ont dû prendre..... etc., etc., etc.

Mon ami affirme que ce total équivaut déjà à 3,286,999.

Et nous n'en resterons pas là.

Cette première génération en engendre en ce moment une seconde, à laquelle dès qu'elle commence à parler, elle raconte la catastrophe du 8 mai en ajoutant :

— Mon fils *ou* ma fille, souviens-toi tant que tu vivras que notre famille doit à cet événement lamentable sa plus belle illustration. Ton grand-père, *ou* ta grand'mère, a manqué succomber en cette occasion. Il *ou* elle devait prendre ce train et il *ou* elle est arrivée seulement de cinq minutes en retard. Souviens-toi — et place dans toutes les conversations de ton existence ce souvenir flatteur.....

Commencez-vous maintenant à vous faire une idée de la place qu'a prise dans la société, la tribu des gens qui ont failli être dans le convoi où périt le brave Dumont-d'Urville?

Ajoutez à ces indications les croisements de races, par suite de mariages de Français ou Françaises à l'étranger !

C'est tout simplement la conquête de l'Europe

qu'aura réalisée dans vingt ans seulement cette tribu envahissante.

Mieux que cela, la conquête du monde entier. Avant vingt ans, nul ne pourra — ainsi que cela se passe déjà en France, — ouvrir la bouche pour faire allusion à l'accident de la rive gauche, fût-ce à Vienne, à Berlin, à Moscou, à Naples, à Constartinople, à Téhéran, sur les Pyramides, dans le désert, au Chili, au cap Horn, à Madagascar, sans qu'une voix s'écrie en allemand, russe, italien, anglais, turc, persan,. égyptien, cafre, espagnol, indien ou malgache :

— L'accident du 8 mai... J'ai un ancêtre qui a failli y assister. Il est arrivé en retard de cinq minutes pour prendre son billet !...

Qui sait même si ce n'est pas par cette voie mystérieuse que la Providence se propose d'établir l'unité et la fraternité de toutes les races.

Ah ! ne nous plaignons pas des accidents, si c'est à ce prix que l'entente cordiale doit régner sur la terre.

XXI

COMBIEN LE DÉFUNT ?

Pourtant....

Hélas ! oui. Il y en a un *pourtant*. Rien n'est parfait, — pas même les sinistres.

Pourtant je dois reconnaître que les accidents de chemins de fer ont un côté qui me sourit moins que les autres.

Je ne leur en veux pas de ce qu'ils peuvent rendre leur homme borgne, bancal, camard, manchot, idiot, — ou mort tout à fait.

C'est dans l'ordre.

Mais je leur en voudrais beaucoup, si, après mon trépas, ils venaient m'imposer le supplice de *l'enchère posthume.*

Un supplice que j'ai vu infliger à l'ombre de ce pauvre X...

Vous savez bien ce pauvre X.., qui fut tué lors de ce déraillement qui... Hein ? Quel charmant garçon !

Musicien, lettré, savant, ayant une femme jeune et jolie... le plus heureux des mortels en un mot.

Ce pauvre X... est donc supprimé net, comme nous le disions, par ce déraillement.

La veuve naturellement intente un procès à la compagnie.

On va devant le tribunal.

J'y étais moi, qui vous parle.

L'avocat de la veuve se lève le premier :

« Messieurs,

» Celui que nous pleurons fut, j'ose le dire,

le modelé de tous les mérites comme de toutes les vertus,

» Loin de nous la pensée d'évaluer en argent la douleur que ce deuil a laissée dans notre âme, mais à côté des devoirs que nous impose l'affection sacrée du défunt, la loi tutélaire, égide des citoyens, a placé un droit.

» Nous venons en user en réclamant la trop juste indemnité qui nous est due, et que je ne crains pas d'exagérer en la fixant à la modeste somme de trois cent mille francs.

» Trois cent mille misérables pièces de vingt-sous pour nous remplacer, — oh ! ce mot nous déchire le cœur, — pour nous remplacer un être adoré et digne de l'être.

» X.., messieurs, ce cher X.., dont le nom fait couler nos larmes, était tout, — oui tout !

» Il jouait du piano comme Thalberg et donnait l'*ut dièze* de Tamberlick. C'est vous dire qu'il aurait gagné des millions si sa timidité, accompagnement charmant d'une nature exceptionnelle, ne l'avait mis dans l'impossibilité complète d'émettre un seul son quand il y avait du monde.

» C'est ce qui détermina notre regretté X., à s'adonner à la littérature. Quelle plume, messieurs ! Il écrivait comme Victor Hugo et aurait fait des comédies qui auraient éclipsé celles de M. Emile Augier, si la timidité à laquelle j'ai déjà rendu hommage, ne l'avait empêché d'affronter les turbulents jugements du parterre.

» Ce fut alors qu'il cultiva les sciences, où il apporta comme partout ses merveilleuses aptitudes. Il avait trouvé la direction des ballons, oui, messieurs, c'est-à-dire la pierre philosophale, la fortune sans bornes. Malheureusement, timide comme il l'était, il ne put se résoudre à faire des expériences devant le monde — et son secret est mort avec lui !

» Ah ! ce secret à lui seul aurait mille fois valu la faible somme que nous revendiquons.

» Regardez, messieurs, cette veuve jeune et belle. Songez aux longues années qu'elle a à souffrir. Songez à sa beauté flétrie par des angoisses prématurées ; songez surtout à ce que fut celui

que vous avez à apprécier, — et vous nous accorderez nos trois cent mille francs, sans rabais
ni escompte ! »

Je vous l'avouerai, en écoutant ce discours, j'é-
tais flatté dans mon amour-propre d'ami de ce
pauvre X...

J'allais applaudir peut-être.

L'avocat de la Compagnie ne m'en laissa pas le
temps. Il avait commencé à son tour.

« Messieurs de la cour,

» Pour rien au monde, je ne voudrais qu'une
parole amère ou ironique s'échappât de mes lèvres en face d'une veuve à peine consolée ; cependant la vérité est là qui nous force à parler et à
proclamer bien haut qu'on veut pratiquer à notre
égard le *chantage au décès.*

» Ah ! le ciel m'en est témoin, je respecte la
mémoire du sieur X.., mais en entendant évaluer
ce citoyen à 300,000 francs, je ne puis m'empêcher de hausser dédaigneusement les épaules.

» 300,000 francs ! une nullité ! un bohême ! J'allais dire un déclassé !

» Qu'est-ce en effet, sinon un déclassé, un bohême, une nullité, cet homme qui effleure tout et ne s'arrête à rien, attestant ainsi son impuissance en toute chose ?

» Musicien, lui ! Parce qu'il pouvait gratter une polka ou estropier une romance ! Non, il se rendit justice le jour où il renonça à ses ineptes prétentions sur le piano.

» Nous le voyons ensuite chercher un refuge dans cette profession, asile de toutes les vanités : dans la littérature.

» -Nouvelle impuissance ! Nouvelle métamorphose ! Ici les facultés mentales du décédé s'altèrent visiblement. Il n'était que crétin, il devient fou, — et s'occupe de diriger les aérostats !

» Tenez, Messieurs, j'ai honte de discuter sérieusement.

» Il ne m'appartient pas de faire l'apologie d'un hasard que je suis obligé d'appeler malheureux, mais n'est-ce pas un bonheur que la Providence ait retiré de cette terre un homme qui était sur la pente de l'aliénation mentale?

» N'est-ce pas un bonheur pour sa veuve qui aurait eu l'épouvantable spectacle de son insanité et l'abominable corvée de soigner ce malheureux !

» Cette veuve, Messieurs, notre adversaire vous en a parlé ! Nous aussi nous vous en parlerons. Il a dit qu'elle était jeune et belle ; oui, elle est belle, oui, elle est jeune !

» Mais cette jeunesse et cette beauté ne vous sont-ils pas un sûr garant qu'elle trouvera aisément, et prochainement, les plus douces consolations, et qu'un nouveau mariage, mieux assorti, — souhaitons-le, — que le premier, lui créera une position nouvelle!

» Vos trois cent mille francs raviraient peutêtre à la société un de ses plus gracieux ornements.

» Vous ne ferez pas cela, Messieurs, vous accorderez cinq mille francs. Le défunt ne les valait pas ; mais nous tenons à prouver que nous ne lésinons jamais, quand il s'agit des choses du cœur!... »

Après cette harangue, je n'étais plus si flatté dans mon amour-propre d'ami de ce pauvre X.

Mais ce fut bien autre chose après les répliques.

Pendant huit heures ils marchandèrent la dépouille de l'infortuné, comme un tas de pommes ou une paire de bottes.

— Trois cent mille.

— Jamais... Cinq mille.

—Mettez quelque chose de plus.

— Pas un centime.

Et ainsi de suite.

En rentrant après les enchères du pauvre X. j'ai pris la plume et j'ai écrit :

« Ceci est mon testament.

» *Clause première.* — Si jamais je succombe

en chemin de fer, mon héritier devra s'engager à
ne réclamer aucune indemnité pour mes restes.. »

Faites-en autant, et vous recouvrerez toute
votre sérénité.

XXII

LE WAGON DES DAMES

Ce qui prouve que tout le monde n'a pas la même façon d'interpréter le mot *galanterie*.

Je confesse que, pour ma part, je tiens en très-médiocre estime cette innovation que la presse sérieuse a qualifiée de *progrès important*.

Un progrès qui consiste à nous faire passer pour une nation de Juds amoureux, prêts à fondre sur la première proie venue !

Jadis, on respectait les femmes, aujourd'hui on

les parque. Jadis les convenances étaient regardées comme une barrière suffisante, il faut maintenant des serrures.

Non sincèrement, je ne suis pas fier d'être Français quand je contemple les petites pancartes blanches, qui disent au sexe barbu : « *Tu n'iras pas plus loin.* »

Que doit penser l'étranger, mon Dieu !

J'ai remarqué, en outre, que ces compartiments réservés étaient presque exclusivement hantés par des dames dont, en vérité, la figure et l'âge se défendaient héroïquement tout seuls.

Fuir les tentatives audacieuses est pure fatuité de leur part.

Laissons-leur cette satisfaction de coquetterie attardée, mais à une condition, c'est que le vrai progrès, — progrès important! — sera réalisé à tour.

Je compte formuler à ce sujet une pétition à tous les Conseils d'administration des Compafrançaises, pétition dont voici la teneur :

« Messieurs les membres du conseil d'administration,

» Permettez à un simple particulier de vous adresser une requête et de réclamer votre concours pour échapper au danger qui menace sa faiblesse, comme celle de ses concitoyens.

» Vous avez cru devoir instituer des *wagons réservés aux dames seules* sur toutes les ligne de notre belle patrie, mais, messieurs, une autre création bien plus indispensable est celle de *wagons réservés aux hommes seuls*.

» Il est bien rare, en effet, — constatons-le à notre honneur, — que des coquins soient assez éhontés pour oser de criminelles entreprises sur des femmes isolées, tandis que, journéllement à chaque train, d'audacieuses tentatives ont lieu contre des hommes sans défense.

» C'est surtout, Messieurs, sur les voies qui environnent la capitale que je dois appeler votre sérieuse attention.

» Sur ces voies circulent presque continuellemen

de ces sirènes périlleuses, auxquelles l'usage a donné, par ironie, le surnom de *biches*.

» Braquant sur leur voisin de route le revolver de leur regard, ces créatures redoutables commencent par fasciner leur proie. Puis, sous un prétexte quelconque, — en général une glace dont elles sollicitent l'ouverture, — elles engagent traîtreusement la conversation.

» Dès lors, messieurs, c'en est fait. Le voisin est perdu.

» En vain il essaie de résister à l'entraînement. Le revolver des prunelles redouble d'artilleries. Une main blanche montrée à propos, un pied mignon qui avance à la rescousse, déterminent la défaite de l'infortuné.

» Les exemples, Messieurs, seraient trop nombreux à citer pour que j'entreprenne d'en relater ici tout ou partie; je ne parlerai que de faits quasi-personnels.

» A ma seule connaissance, trois jeunes gens charmants ont été victimes de semblables attaques à œil armé.

» Le premier en a été quitte pour un millier d'écus dépensés en une semaine avec sa *biche* trop peu effarouchée.

» Le second s'est ruiné tout à fait.

» Le troisième, Messieurs, — chose horrible à penser, — vient d'épouser la sienne!

» Devant de pareils faits, l'hésitation serait un crime. Vous n'hésiterez pas, Messieurs.

» Exposés comme nous à ces périls, vous vous hâterez d'y apporter remède, et le *wagon réservé aux hommes seuls* sera bientôt une vérité.

» Agréez, Messieurs, ma parfaite considération. »

Suit ma signature, — à laquelle je vous engage, lecteur, à ajouter la vôtre.

XXIII

L'AMOUR EN VOYAGE

Il était une fois un pays qu'on appelait la *Scri-bie.*

Borné — oh! oui! — au N., au S., à l'E. et à l'O. par la Banalité, l'Invraisemblance, la Rengaine et les Droits-d'Auteur.

Le voyageur jeune et beau y rencontrait infailliblement la voyageuse jeune et belle. (*Grelots à l'orchestre.*)

Le voyageur, jeune et beau, tombait éperdument épris. (*Andante en si bémol.*)

Mais une chose lui déchirait le cœur. (*Septième renversée.*)

La reverrait-il? (*Soupir des clarinettes.*)

Soudain un grand bruit se faisait entendre. (*Effet de cuivres.*)

C'était elle, — la voyageuse jeune et belle, — dont la chaise de poste, la diligence ou la patache venait de verser. (*Accords plaqués.*)

On l'apportait inanimée. (*Tremolo à l'orchestre.*)

Elle rouvrait péniblement les yeux. (*Grincement de basson indiquant, à s'y méprendre, qu'une voyageuse jeune et belle ne peut ouvrir les yeux.*)

— Lui!

— Elle!

(*Duo passionné — en $\frac{6}{8}$ — mi mineur.*)

Arrivée des paysans, appelés par le bruit de l'accident. (*Hautbois et chœur.*)

Qui reconnaissaient la veuve du château. (*Tamtam.*)

Laquelle épousait le voyageur jeune et beau, malgré son manque d'actions de la Banque ottomane. (*Re-duo.*)

A l'occasion de quoi les paysans battaient la semelle de joie. (*Ballet en sol, tableau final.*)

C'est tout à fait passé de mode, — même place Favart.

Quant à la vie privée, elle n'a pas de temps à perdre.

En fait de rencontres imprévues. le XIXe siècle ne connaît plus que celle des deux trains se livrant à des avant-deux intempestifs.

Quant on enlève quelque chose aujourd'hui, ce n'est plus une femme. ce sont des titres au porteur.

Carpentier a remplacé Lovelace.

Les dames qu'on rencontre en wagon prêtes à lier conversation rentrent toutes dans la catégorie de celles contre lesquelles j'ai projeté tout à l'heure une si lumineuse pétition.

Quand, après d'inutiles périphrases et des émotions mal placées, vous leur demandez, jouvencellement, si vous aurez jamais le plaisir de les revoir, elles vous répondent :

— Quand vous voudrez !

Les soubrettes d'auberge elles-mêmes, — celles que nos aïeux appelaient *friponnes*, en leur passant la main sous le menton, — sont devenues trop bonnes commerçantes pour laisser place à la plus petite illusion.

Lorsque vous leur prenez la taille, — elles le mettent sur la carte !

Si donc vous êtes désireux de charmer la route par des idylles, pensez-y avant de partir.

L'amour est comme les pâtisseries. Quand on en veut, il faut apporter cela avec soi de Paris.

Et encore ne manquez pas le rendez-vous du départ, car il vous arriverait ce qui va faire l'objet du chapitre suivant.

Lisez et méditez.

XXIV

LA DOUBLE ATTENTE

PREMIER ACTE

Le théâtre représente la gare du chemin de fer Montparnasse.

Portes à droite, portes à gauche. En face, une large rue par laquelle arrivent simultanément un monsieur et une dame.

Le monsieur est jeune, la dame est jeune.

Le monsieur marche précipitamment, la dame marche précipitamment.

Le monsieur regarde en marchant l'horloge non Breguet qui décore la façade de la gare; la dame regarde en marchant l'horloge non Breguet qui décore la façade de la gare.

Seulement, le monsieur suit le trottoir d'un côté, et la dame suit le trottoir de l'autre, ce qui exclut toute idée de connaissance.

LE MONSIEUR, monologuant.

Trois heures trois quarts et le train n'est que pour quatre heures... N'importe, j'aime mieux être en avance, pour prouver à Cécilia combien je l'aime.

LA DAME, monologuant de même.

Trois heures trois quarts. Il ne m'a donné rendez-vous que pour quatre. Je vais arriver la première; mais il me tardait tant de le voir, que je n'ai pu maîtriser mon impatience.

— Chère Cécilia !

— Ce cher Lucien !

— C'est singulier, mais, positivement, cette femme-là m'a envahi de la tête aux pieds.

— Je n'y comprends rien ! mais, il me toque, ce garçon.

— Il me serait aussi impossible d'en aimer une autre qu'elle....

— C'est-à-dire que tout le reste des hommes est devant moi, comme s'il n'était plus.

— Quelle charmante soirée je vais passer avec Cécilia !

— L'adorable après-dîner avec Lucien !

— Je vais la mener au Bas-Meudon, dans certain petit restaurant où les bosquets ont des verdures sincèrement protectrices.

— Il doit me conduire à Chaville, dîner à l'ombre d'une tonnelle verdoyante...

— Est-ce bête ! mon cœur bat, bat...

— On n'est pas maîtresse de cela... Voilà qu'en arrivant au lieu de notre rendez-vous, j'ai des palpitations... Mais des palpitations !

Le monsieur et la dame traversent en même temps, quoique séparément, la place qui fait face à la gare.

Un cocher qui arrive bride abattue menace de les écraser.

Ils poussent chacun un cri de frayeur, échangent un regard indifférent, et pénètrent sous le porche où l'administration du chemin de fer de l'Ouest distribue libéralement ses billets... contre espèces sonnantes.

DEUXIÈME ACTE

LE MONSIEUR, assis sur un des bancs de bois qui décorent le local avec une simplicité étrangère à toute pompe mondaine.

— Ouf !... Il fait une chaleur (*Il promène son foulard sur son front*).

LA DAME, assise sur un autre banc rembourré par le même procédé.

— On étouffe aujourd'hui.

— Si j'avais su tout de même être aussi en avance, j'aurais marché moins vite.

— J'aurais pu me presser un peu moins, j'avais bien le temps.

— Fi, ce regret... Cécilia ne le mérite pas.

— J'ai tort de regretter d'être ici avant Lucien... Il en sera si heureux !

— Cela n'empêche pas que les aiguilles courent, courent... Déjà moins huit minutes...

— L'heure commence à approcher.

— Elle va venir.

— Il va arriver.

Le monsieur se lève et se promène de long en large ; la dame se lève et se promène de large en long, ce qui fait qu'à chaque tour, ils passent nécessairement l'un à côté de l'autre.

LE MONSIEUR, à part.

Tiens ! la dame qui a failli être écrasée avec moi.

LA DAME, même jeu.

Tiens ! le monsieur que cette voiture a manqué de renverser en même temps que moi.

— Elle a l'air d'attendre aussi.

— Il paraît avoir aussi un rendez-vous...

— C'est qu'il n'y a pas à dire... quatre heures moins cinq... Cécilia manquerait-elle le train ?

— Plus que cinq minutes.... Lucien serait-il inexact ?

— C'est impossible.

— Allons donc !

— Elle ! si dévouée, si charmante... Car elle l'est, ma Cécilia, de façon à reculer les frontières de ces deux adjectifs..

— Lui, si empressé, si aimant... Car il réalise le *nec plus ultrà* de ces épithètes.

Le monsieur s'arrête et regarde au loin dans la rue de Rennes. La dame ne tarde pas à venir opérer le même jeu de scène.

— Je ne vois rien. *(Il frappe du pied.)*

— Rien à l'horizon.

Elle exécute un trémolo du bout de sa bottine mordorée.

— C'est la première fois qu'elle agit ainsi.

— Jamais il n'avait encore manqué de parole.

— En tout cas, il paraît que je ne suis pas seul à subir ce supplice. Voilà une pauvre dame qui...

— Il paraît que mon attente est partagée ; car voici un pauvre monsieur dont...

— Elle n'est pas en retard comme Cécilia, elle !

— Il ne se fait pas attendre comme Lucien, lui.

— C'est toujours comme cela. Faites poser les femmes, et elles raffolent de vous.

— Ainsi va le monde. Laissez-vous désirer, et les hommes vous adorent.

— J'ai été bien sot de venir si tôt.

— J'ai été bien niaise d'arriver autant en avance.

— Comment, le train est parti ! C'est une indignité !

— Le convoi s'éloigne.... Quelle déception !

Le monsieur s'appuie, éploré, à la muraille. La

dame, rageuse, agace le bitume avec le fer de son ombrelle.

LE MONSIEUR, un peu calmé.

Voyons, j'ai tort de m'emporter. Cécilia aura été retenue par une visite... Avant cinq minutes, elle sera ici...

LA DAME, s'adoucissant.

Peut-être suis-je injuste : Lucien n'aura pu se délivrer d'un importun... Ou il n'aura pas trouvé de voitures. Dans quelques secondes, il va accourir empressé, repentant...

— Le monsieur et la dame recommencent leur promenade en sens inverse. *(Silence.)*

LE MONSIEUR, à part.

Elle n'est pas mal, cette dame qui attend.

LA DAME, même jeu.

Il est très-comme il faut ce monsieur qui s'impatiente.

— Elle me fait de la peine !

— Il me touche.

— C'est-à-dire qu'elle a des yeux.

— Son sourire est plein de douceur ..

— Et une bouche... sans compter cette fossette au menton... Oh! les fossettes! c'est ce que j'ai toujours reproché à Cécilia... Elle manque de fossettes.

— De magnifiques cheveux noirs, tandis que Lucien... en dépit du cosmétique... les tempes grisonnent... grisonnent...

— Et malgré cette absence de fossettes, elle est inexacte!

— Et quoique grisonnant, il se fait attendre !

— Quatre heures et demie !... Nous allons encore manquer le second convoi.

— Quatre heures et demie !... Voilà quarante minutes que je pose.

— Cécilia, prenez garde!

— Lucien ! Lucien !

— Ma parole d'honneur, plus je considère cette inconnue, plus je l'admire en détail.

— Plus j'envisage cet étranger, plus il m'apparaît sous un jour favorable.

— Ce n'est pas elle qui manquerait un rendez-vous !

— Ce n'est pas lui qui serait oublieux !

— Une taille à tenir dans un bracelet !

— Un regard plein d'intelligence !

— Je ne sais pas où j'avais les yeux, quand j'étais si enthousiaste de cette Cécilia. Elle ne serait pas digne de délacer les bottines de cette adorable créature qu'un rustre délaisse.

— J'étais aveugle pour Lucien. Il a l'air du valet de chambre de ce noble étranger qu'une sotte abandonne.

— Cinq heures moins le quart ! C'est trop d'impudence.

— Quatre heures trois quarts ! Voilà qui dépasse les bornes.

— Ah ! mademoiselle Cécilia.

— Ah ! monsieur Lucien.

Le monsieur s'approche de la dame qui paraît troublée.

Il lui parle.

Elle rougit légèrement.

TROISIÈME ACTE.

Cinq heures sonnent.

LE MONSIEUR.

Je vous en supplie, madame !

LA DAME.

Puisque vous l'exigez, monsieur !

Le monsieur et la dame montent bras dessus bras dessous l'escalier qui conduit aux wagons pour Versailles.

Pendant ce temps, on voit accourir un autre monsieur, dont la montre s'est arrêtée, et une autre dame, dont la voiture a versé en route.

Le monsieur, c'est le Lucien, nommé plus haut.

La dame, c'est la Cécilia en question.

Tous deux aperçoivent le couple qui est arrivé à la dernière marche.

LUCIEN.

Se peut-il !... la perfide !... je vais...

CÉCILIA.

Est-il possible !... Le monstre !... Attends...

Ils s'élancent à l'assaut.

L'EMPLOYÉ, leur barrant la route avec impassibilité.

Trop tard ! le bureau est fermé.

(On entend le train qui, en partant, a l'air de siffler le pauvre Lucien et la malheureuse Cécilia.)

FIN DU TROISIÈME ET DERNIER ACTE.

XXV

IL FAUT MANGER POUR VIVRE

Vous avez vu ce que le voyage fait de la nourriture de l'âme. Mais la nourriture du corps?

La sagesse des nations a là-dessus une opinion qu'on aurait du mal à lui faire changer.

Elle dit qu'il faut manger pour vivre, et elle est convaincue, cette bonne sagesse, et peut-être n'a-t-elle pas tout à fait tort.

Cependant le voyage ébranle violemment les bases de ce principe.

Manger pour vivre. Où cela ?

Dans les buffets ? — Juste ciel !

Les buffets ont l'air d'avoir voué leur existence à la solution d'un problème consistant à donner aux gens qui passent des aliments qui ne passent pas.

Quinze minutes d'arrêt !

Les Ugolins du convoi s'élancent — avec leurs enfants, qu'il s'agit non pas de consommer, mais de faire consommer, ce qui est plus terrible encore.

— Garçon ! garçon ! garçon ! garçon !

Deux cents cris pour trois employés.

— Voilà ! voilà ! voilà ! voilà !

Plus que dix minutes.

— Garçon, un bouillon !

Ce n'est pas un bouillon qu'on vous apporte, c'est la lave du Vésuve en pleine ébullition.

— Pfou ! pfou !... Vous soufflez... Aïe! quélle brûlure !... Pfou ! pfou !... Impossible d'avaler... Pfou !...

Plus que huit minutes.

— Tant pis... j'y renonce...

Vous posez le bouillon intact. (*Ça n'est pas perdu, perdu pour tout le monde.*)

— Garçon, un filet !
— Voilà !..
— Garçon !..
— Voilà !..
— Garçon !..

Plus que trois minutes.

Alors — oh ! alors, — les garçons pleuvent on ne sait d'où. Ils vous comblent, ils vous accablent : Filet, légumes, entremets, dessert.

— Mais, garçon, je ne pourrai jamais...

Plus qu'une minute.

— Monsieur, c'est quatre francs cinquante.

— Mais enco e une fois...

Plus qu'une demi-minute. Payez, ou le train part sans vous.

Quant aux comestibles, ou vous les laisserez, *(Ça n'est pas perdu... etc.)*, ou vous les engloutirez. Auquel cas, l'indigestion monte en croupe et roule avec vous.

Restent les hôtels pour le surplus de l'itinéraire.

Les hôtels avec le plat du pays, qui est tantôt du chou aux confitures, tantôt de la purée de poisson, tantôt des pruneaux au saindoux.

Les hôtels, auxquels les médecins font des remises sur les gastrites !

Les hôtels auprès de qui la feue Brinvilliers.....

Ayez toujours du contre-poison dans vos poches,
On ne sait pas ce qui peut arriver.

Ou plutôt on ne le sait que trop.

Aussi ce que j'ai toujours admiré, ce sont les gens qui voyagent pour leur santé !

Les malheureux....

Je m'arrête. Ils ne m'en sauraient pas gré.

Seulement, je veux me venger sur la sagesse des nations, et j'épancherai mes rancunes stomacales en cet

AXIOME FINAL.

— *En voyage, il faut manger pour mourir.*

Ça soulage !

XXVI

GRANDES EAUX

Naïf que j'ai été !

N'ai-je pas failli tout à l'heure m'apitoyer sur les destins des gens *qui voyagent pour leur santé ?*

Comme si ces gens-là avaient existé jamais. Te- ez, à bas les masques !

Vous vous figurez peut-être candidement, par- e que vous avez lu dans les journaux de chaque nnée que les bains de N'importe-où réunissaient ne affluence considérable ; parce que vous avez entendu dire que les médecins recommandaient les eaux de Je-ne-sais-comment ; parce que vous avez enfin vu partir de longues files de gens pâles, efflanqués, toussant, s'appuyant sur des cannes ou marchant sur des béquilles, vous vous figurez candidement ; — je suis heureux de le répéter, — qu'il y a des eaux pour les malades et des malades pour les eaux !

Apprenez la vérité.

L'affluence considérable des bains de N'importe-où est incontestable.

Les recommandations des médecins en faveur des eaux de Je-ne-sais-comment sont de toute authenticité.

Mais ce n'est pas ceci qui a engendré cela ; car qui serait assez Argan aujourd'hui pour prendre garde aux conseils d'un médecin ?

Elles sont par ma foi bien plus intelligentes, le raisons qui ont amené ces affluences en question.

Malades ! Les gaillards qui encombrent plage et casinos ! Pas si sots ! Oui, sans doute, ils son partis,— ainsi que vous l'avez constaté,— pâles, efflanqués, toussant, béquillant....

Mais cette pâleur, cette maigreur, cette toux, ces béquilles, étaient autant de ruses — de paix.

Celui-là voulait se débarrasser de sa femme et voyager en garçon ; celui-ci échapper à la tyrannie de ses clients ; ce troisième courir après la figurante de ses rêves ; ce quatrième apporter ses offrandes à l'autel de la Roulette.

D'où la comédie.

Une fois arrivés, au diable le teint blême, les joues creuses et les instruments de fausse paralysie.

Les Sixte-Quints se redressent.

Et chacun de s'écrier : *Dieu ! les belles cures ! éjà guéris !*

Pendant ce temps, les lurons hypocrites papillonnent auprès de la blonde ou folâtrent autour de la rouge et de la noire !

Ainsi s'explique la vogue croissante des villes quatiques.

Mais si jamais un *malade véritable* s'y fourvoyait, l'administration l'expulserait comme nuisant à la gaîté des paysages !

Et maintenant que vous possédez le secret, ne vous courroucez pas outre mesure. Profitez plutôt de l'exemple:

Rien n'est beau que Vichy, Bade seul est aimable!

Quand est venue la canicule en feu.

Et Wiesbaden, et Carlsbade, et Ems, et Hombourg ! et tous les autres paradis-enfers du démon du jeu.

Ces prudes d'Allemands qui s'indignent contre les tapis-verts !

Mais, faux bons hommes de moralistes que vous êtes...

(La suite au chapitre suivant.)

XXVII

ÉLOGE DU JEU

Mais, faux bons hommes que vous êtes, vous mordez la main qui vous fait vivre.

Sans le jeu, vous figurez-vous d'aventure que l'Europe se dérangerait pour aller vous rendre visite !

Croyez-vous que, sans le jeu, on affronterait les déraillements, les courbatures, les douanes et les aubergistes pour faire la connaissance d'un pays où le vin laisse regretter amèrement le vinaigre d'Orléans, où les bords du Rhin ne sont que des contrefaçons de Bougival et autres bords de la Seine, où les messieurs discutent sur *l'objectif* et le *subjectif*, pendant que les dames dissertent du meilleur moyen d'empoter la choucroute !

Le jeu, c'est votre *Deus ex machinâ*.

Le jeu, c'est l'émotion, c'est l'imprévu, c'est l'espérance.

On devrait des actions de grâce au jeu quand il ne servirait qu'à débarrasser le monde des quatre ou cinq joueurs effrénés qui se brûlent bon an mal an la cervelle.

Allemands, en vérité, je vous le dis, vous voulez tuer le vautour aux œufs d'or !

XXVIII

DIVERSES CATÉGORIES DE VOYAGEURS

Un nez, une bouche, un menton, deux yeux, — excepté pour ceux qui sont borgnes;

Deux bras, — excepté pour ceux qui sont manchots;

Deux jambes, — excepté pour ceux qui n'en ont qu'une;

Une intelligence, — excepté pour ceux qui s'en passent;

Le total représente un voyageur.

Mais autant il y a de variantes à ce nez, qui peut être à la Roxelane, aquilin, camard, grec, bossu ; à cette bouche, qui peut être grande, petite, grosse, mince, relevée, tombante ; à ce menton, qui peut être carré, rond, en galoche, fuyant, saillant ; à ce front, qui peut être plat, bombé, élevé, bas ; à ces yeux, qui peuvent être beaux, laids, droits, louches, bleus, verts, jaunes, pistaches, autant il y a de différence entre les diverses sortes de voyageurs et les divers motifs qui les font voyager.

Des guêtres jusqu'à la hanche, un fusil qui fait redouter une explosion aux personnes prudentes du compartiment, une carnassière ordinairement vide de gibier, une conversation ordinairement pleine de perdreaux, lièvres, bécasses, sangliers : c'est un chasseur.

L'œil souriant, des obséquiosités charmantes, les bras sous les plis d'un vaste pardessus, un imperceptible tressaillement quand point aux stations

le jaune doré de la gendarmerie : c'est un voleur
à la tire.

L'œil larmoyant, le visage joyeux, le costume
noir, l'impatience mal déguisée, un *Guide-Chaix*
incessamment feuilleté pour s'assurer du chemin
parcouru, des mots entrecoupés tels que : *cinquante actions à 724...* ou : *en vendant son po-
tager avec le petit clos j'aurai...* C'est un héritier.

Ran ! plan ! plan !... Une grimace au bruit d'un
tambour qui bat au loin, de gros soupirs conte-
nus, le petit paquet sous le bras, la bourse de cuir
garnie de magot que la mère, — pauvre mère !
ses économies de quatre ans ! — y a furtivement
glissé au départ : c'est un conscrit.

Un monsieur, plus deux. Le monsieur nerveux,
assombri. Les deux autres d'une adorable indif-
férence. Le monsieur s'enfonçant dans des méditations. Les deux autres voulant faire admirer le
paysage. Le monsieur cherchant à échapper à des

soucis évidents. Les deux autres lui répétant alors : « Méfie-toi, tu sais qu'il tire comme Grisier ! » Le monsieur ayant envie d'eau sucrée. Les deux autres lui infusant des verres de rhum : c'est un duelliste et ses témoins.

La cravate blanche, le sac bourré de papier timbré, le visage fatigué, tendance à des entr'actes de sommeil durant lesquels on entend murmurer : « Non, messieurs les jurés... Cet homme n'est pas coupable !... » C'est un avocat qui va plaider devant une cour d'assises.

La cravate plus blanche, feuilletant en manière de passe-temps un livre *orné* de planches qui représentent des tranches d'hommes écorchés vifs. Galant avec les dames, et protestant infatigablement contre les courants d'air : c'est un médecin, appelé en consultation lointaine.

Et celui-ci ?...

Plus vite ! Plus vite ! Plus vite !.. Fébrile, regardant sans cesse avec colère les poteaux du té-

légraphe électrique, ce bavard. C'est le banqueroutier de tous les feuilletons — et de trop de
réalités.

Et celui-là ?

Jadis, — pour moraliser les populations — on
leur offrait le spectacle de quelques charretées de
chair humaine, rivée à des anneaux de fer. Les
charretées traversaient villes et villages, la menace au front, l'infamie aux lèvres, la vengeance
au cœur.

Les enfants fuyaient épouvantés, — mais les
hommes restaient et regardaient passer la *chaîne* ;
et ce noble spectacle enseignait jusqu'où peut descendre l'avilissement de la créature.

Comme si l'on avait besoin d'étiage pour cela !

Depuis on a renoncé à moraliser les populations de cette façon-là. La voiture cellulaire a remplacé le tombereau-gamelle.

Que faire dans la voiture cellulaire, — à moins
qu'on ne médite.

Si j'avais su !...

C'est le refrain.

Quant à la chanson :

— Qui m'aurait dit, quand j'ai connu Joséphine, qu'elle serait cause de... C'est si vite donné une signature au bas d'un carré de papier.

— Qui m'aurait dit, quand j'ai voulu jouer à la Bourse, histoire de me...

— Qui m'aurait dit, quand...

Il y a autant de couplets que de *faiblesses* avec ou sans repentir.

Heureusement tous les romans n'aboutissent pas à la voiture cellulaire.

Le *Roman Comique* entre autres a une façon de voyager infiniment moins lugubre. Car le *Roman Comique* est encore de ce temps. Attention ! Le voilà qui vient.

XXIX

LES PETIT-FILS DE SCARRON

Les passants s'arrêtent avec étonnement pour contempler un lourd véhicule qui parcourt au trot de deux chevaux, qui pourraient être vigoureux, le boulevard de la gare d'un Melun quelconque.

Le susdit véhicule est peint en jaune clair. Il composé d'une impériale sur laquelle sont entassés des objets de provenance hétérogène. On y distingue dans un pêle-mêle qui ne ressemble pas à un effet de l'art une cheminée en carton peint, une pendule *idem*, une commode *idem*, un tronc d'arbre très-nature, une boîte de costumes et un jardin anglais roulé sur une toile de fond.

Dans l'intérieur du véhicule, un assemblage bizarre que nous ne voulons pas encore analyser, mais qui n'est pas en carton, car il vit, parle, fume.

Sur le fond jaune de la voiture on lit enfin en lettres majestueusement noires ces mots : *Omnibus du théâtre.*

Ecoutons :

LE PÈRE NOBLE, assis dans le coin de l'omnibus, parce que l'expérience lui a appris que c'était la place où l'on peut le mieux se laisser aller au sommeil.

Hein ! qu'est-ce qu'il y a ?... Maudit cahot ! Je faisais un rêve charmant... Je me croyais au cirque, en général, dans mon grand rôle de Murat. C'est là que j'ai obtenu...

MADEMOISELLE CIGARETTE, biche par profession et artiste par esprit de réclame.

La jolie voiture! un vrai huit ressorts... je crois que le mossieu qui était dedans m'a fait un œil.

LE PÈRE NOBLE, poursuivant.

C'est là que j'ai obtenu un de mes plus beaux succès....

LE PREMIER COMIQUE.

Tu vas encore nous la faire au récit de Théramène, toi !

LE PÈRE.

Je n'ai peut-être pas le droit de parler d'un passé glorieux.

LE PREMIER COMIQUE.

Le droit et le travers.

LE PÈRE.

Tu dis ça, toi, parce que tu n'en as pas, toi, de passé.....

MADÈMOISELLE ANTONIA, élève du Conservatoire, qui a eu des
malheurs.

Il est bien heureux. *(Un soupir.)* Avoir obtenu
un second prix de tragédie et....

(Un nouveau cahot lui coupe la sensibilité par la moitié.)

LE RÉGISSEUR, mettant la tête à la portière.

Baptiste !

BAPTISTE, sur son siége.

C'est rien... un pli de terrain; j'ai eu soin de
ne pas déranger la pendule.

LE RÉGISSEUR..

Baptiste, je n'aime pas la plaisanterie...

BAPTISTE.

Et moi donc... Hue! Je vous dis que c'est pas
ma faute... un pli du terrain... Hue!.. Elle n'est
d'ailleurs pas si fragile la vertu de ces dames.
Hue ! hue !..

MADEMOISELLE CIGARETTE, en allumant une.

Qu'est-ce qu'il chante?

LE RÉGISSEUR, avec sollicitude.

Prenez donc garde, vous allez mettre le feu avec votre allumette dans la paille de l'administration.

MADEMOISELLE CIGARETTE.

Ça lui apprendra à ne pas nous mettre de ca lorifères.

LE RÉGISSEUR.

Ayez donc des égards !... mais, mademoiselle, dans l'ancien temps, il n'y en avait même pas dans l'omnibus des premiers sujets, de la paille sous les pieds.

LE PÈRE NOBLE.

A qui le dis-tu !.. En 1835, je jouais les amoureux dans la troupe ambulante de la Nièvre. Nous allions un soir à Clamecy; on donnait cinq actes de Pixérécourt où j'avais un succès... On m'a même jeté une fois deux couronnes.

LE COMIQUE.

Et ta, ta, ti, et ta, ta, ta.. Voilà le ressort monté.

LE PÈRE NOBLE.

Oui, monsieur, deux couronnes, c'était au moment où je disais : *Alice, un mot de votre bouche adorée ou je me perce sous vos yeux !...*

MADEMOISELLE CIGARETTE.

Bravo ! tous !... Monte donc sur la banquette...

LE PÈRE NOBLE.

Je monterai sur ce qui me plaira, mademoiselle... On n'a pas été au Conservatoire pour des prunes.

MADEMOISELLE CIGARETTE.

Toi aussi !

MADEMOISELLE ANTONIA.

Que signifie ce *toi aussi?* Est-ce une pierre dans mon jardin? Probablement, parce que mademoiselle trouve plus commode de faire du théâtre une enseigne. En effet, pour montrer ses jambes on n'a pas besoin de principes.

MADEMOISELLE CIGARETTE.

C'est pour celles qui ont des principes parce qu'elles ne peuvent pas avoir de jambes.

LE COMIQUE.

Kiss! kiss!... la vérité sort de la bouche de l'innocence.

LE RÉGISSEUR.

Vous feriez mieux, au lieu de vous disputer, de repasser vos rôles. Vous avez encore manqué deux entrées hier à Fontainebleau.

LE PÈRE NOBLE.

Et c'est toujours moi qu'on laisse sans réplique... Ce n'est pas au Cirque qu'un de mes officiers aurait... Dans *Murat*, je remplissais le rôle de général.

LE RÉGISSEUR.

D'accord. nul ne le conteste.

LE COMIQUE.

Dernier des Floridors, tu abuses des répétitions *général*... Tiens! Il y est le mot!

LE RÉGISSEUR.

En fait de répétitions, vous devriez repasser la seconde scène du quatrième acte que vous ne savez, ni les uns, ni les autres. Y êtes-vous?

MADEMOISELLE CIGARETTE, en allumant encore une autre.

Allons-y, ma cigarette remplacera le poignard que je me plonge dans le sein...

LE RÉGISSEUR.

Vous entrez...

MADEMOISELLE CIGARETTE.

J'entre... *(Déclamant.)* Encore cette femme ici!. Mon fidèle Stenio ne m'avait pas trompée.

LE PÈRE NOBLE.

Stenio!... j'ai eu un rôle de ce nom-là à l'Ambigu... c'était en 1843...

LE RÉGISSEUR.

Tu vas laisser continuer, hein ?... A toi, Cigarette.

MADEMOISELLE CIGARETTE.

Mon fidèle Stenio ne m'avait... (*S'interrompant.*) Un amour de tilbury !... au moins un percepteur des contributions ! C'est çà qui me sourirait, le percepteur orné de carrosserie !...

LE COMIQUE.

Tu as donc la toquade des voitures ?

MADEMOISELLE CIGARETTE.

Un peu, mon neveu.

LE COMIQUE.

Eh ! bien, j'ai ton affaire... Une passion que tu as faite à Provins... Tu n'as pas remarqué à toutes les représentations, un grôs qui met sa blouse sur le rebord de la première galerie...

MADEMOISELLE CIGARETTE.

Imbécile !

LE COMIQUE.

De quoi !... c'est un blanchisseur, et comme tous les blanchisseurs ont des voitures...

LE RÉGISSEUR.

Assez de cascades... répétons l'acte II de la scène IV.

MADEMOISELLE ANTONIA.

Est-ce qu'on peut faire de l'art avec des gens qui prennent le théâtre pour des tréteaux?

MADEMOISELLE CIGARETTE.

Je vous conseille de parler, madame Rachel II.

LE RÉGISSEUR.

Allez-vous répéter, à la fin !

MADEMOISELLE CIGARETTE, répétant.

Mon fidèle Stenio ne m'avait pas trompé !... Elle m'a vue .. dissimulons... dissimulons...

MADEMOISELLE ANTONIA.

Ciel ! tout mon sang se glace dans mes veines... quel regard sinistre cette femme m'a jeté ! aurait-elle...

Un fracas violent, accompagné d'une secousse non moins violente, suspend la tirade.

C'est Baptiste qui a jugé à propos de grimper sur le trottoir de la route. La pendule et la cheminée de carton en ont profité pour déserter l'impériale et piquer une tête sur la chaussée.

LE RÉGISSEUR.

Maladroit! Baptiste !

BAPTISTE, toujours impassible.

C'est rien !... un pli...

LE RÉGISSEUR.

Mais descendrez-vous au moins pour ramasser...

BAPTISTE.

Quoi donc? Il y a quelque chose de tombé?.. Tiens, la cheminée... C'est rien. Sauf votre respect, depuis le temps qu'elle figure dans la troupe, elle doit être habituée aux chutes.

LE COMIQUE.

C'est encore un mot.

LE RÉGISSEUR.

Allez-vous vous dépêcher, nous sommes en retard.

LE PÈRE NOBLE.

Ça me rappelle une aventure... je chantais les ténors en Belgique... un jour...

LE RÉGISSEUR.

Allons donc, Baptiste.

BAPTISTE.

C'est rien... je regardais le cadran de la pendule qui n'a plus d'aiguilles, mais pour ce qu'il en faisait... Hue !

MADEMOISELLE CIGARETTE.

Au feu ! au feu !

LE RÉGISSEUR.

C'est ta satanée cigarette. (*Il piétine sur le com-*

mencement d'incendie.) J'en étais sûr... Tu paieras deux boîtes de paille.

MADEMOISELLE CIGARETTE.

As-tu fini, gourmand?..

LE RÉGISSEUR.

Et tu auras une amende de trois francs pour cette réponse-là...

MADEMOISELLE CIGARETTE.

Merci! à partir de la semaine prochaine je retourne à Paris, à l'Ecole Lyrique.

MADEMOISELLE ANTONIA.

Quelle chance !

MADEMOISELLE CIGARETTE.

On y trouve du palissandre à discrétion et on y fait son chemin à grande vitesse.

BAPTISTE, sur son siége.

Hue ! hue ! hue !...

XXX

ORAISON FUNÈBRE

Messieurs!

Pardonnez à ma juste émotion devant la tombe encore entr'ouverte de celui que la mort — une mort prématurée ! — est venue enlever à l'affection de la province dont il fut l'idole — et je ne crains pas de le dire, — l'ornement!

Douloureuse catastrophe! Epouvantable souvenir !

D'un bout de la France à l'autre, à Pezenas

comme à Quimper-Corentin, chez ceux de Montélimart-les-Nougats, comme chez ceux de Verdun-les-Dragées, ce fut un deuil profond et irréparable.

On sentit qu'une catastrophe venait d'arriver qui daterait dans la vie des populations, lorsqu'on entendit une voix lamentable qui criait :

— Le commis-voyageur se meurt ! Le commis-voyageur est mort !

Le jour même — sur tout le territoire — les 3,500 hôtels du *Cheval Blanc*, du *Grand Monarque* et du *Sabot d'Or* étaient pavoisés de crêpe noir.

Et partout éclataient les litanies du désespoir :

— Qui désormais égaiera la table d'hôte?

— Qui désormais aura de l'esprit dans les départements ?

— Qui désormais, à la salade, s'arrêtera pour demander : « Sais-tu, toi, le patron, pourquoi tu dois le respect à la chicorée? » et répondra : « C'est parce que la chicorée *est amère?* »

— Qui désormais, au dessert, chantera la gau-
driole de Béranger et les *Trois Couleurs*, et *Nos
Revers?*

— Qui désormais, le soir, histoire de rire, por-
tera les bottes du chasseur du *cinq* à la porte de la
petite dame seule de l'*as*?

Funèbres interrogations qui ne pouvaient avoir
qu'une plus funèbre réponse!

On n'aurait jamais prévu cette fin soudaine.

En 1840, il florissait encore.

Balzac l'avait illustré et comme remis à neuf.
Dix ans plus tard tout était consommé. Le commis-voyageur n'était plus qu'un cadavre! Mais
qu'on ne s'y trompe pas, Messieurs, Gaudissart,
l'illustre Gaudissart n'est point,—comme le bruit
en a généralement couru — tombé victime des
chemins de fer.

Une seule chose l'a tué : le dévouement.

Gaudissart avait un ami. Que dis-je, Messieurs,
un autre lui-même.

Jamais on n'avait vu de tels inséparables.

Gaudissart ne faisait point un pas sans son intime, ne hasardait point une parole qu'il ne fût là !

C'était un culte. C'était le but de la vie de Gaudissart.

Cet ami s'appelait le Calembour.

Après avoir joui d'une faveur incommensurable, après s'être fait partout accueillir, adopter, le Calembour tombé dans l'abandon, trépassa de douleur.

Ce fut un coup terrible pour Gaudissart.

Il comprit que, sans le Calembour, sa place n'était plus sur cette terre.

Qu'y aurait-il fait?

Et, s'enveloppant dans son désespoir comme dans un linceul, Gaudissart décéda à son tour.

Ceci avait immolé cela.

Depuis la fin tragique du Calembour et de Gaudissart, on rencontre encore parfois, dans les auberges ou dans les *secondes classes*, des inconnus qui cherchent à parodier le commis-voyageur.

D'aucuns poussent l'audace jusqu'à se parer de son nom.

Mais ce sont les faux Smerdis de Gaudissart.

Le commis-voyageur est bien et dûment en-terré.

Prions, mes frères, pour le commis-voyageur et pour son ami le Calembour.

XXXI

LES CONTREFACTEURS

Contrefaçon ! Contrefaçon !
Sur cette terre
On veut tout contrefaire !
Contrefaçon ! Contrefaçon !
C'est le refrain de la chanson !...

Refrain que je livre — gratuitement et libéralement — à MM. les auteurs de Revues et à MM. les directeurs de théâtre, avides de forte poésie.

Il y a là un rondeau tout tracé.

Avec de jolies femmes, des mollets qui ne se pénètreront pas trop de leur sujet, de bons acteurs, beaucoup d'esprit dans tout le reste de la pièce, et cinquante mille francs de trucs ou décors anglais, je réponds du succès de ces couplets à faire sur un *air connu*.

On contrefait tout à notre époque.

Ponson du Terrail contrefait Alexandre Dumas ; l'hippopotame contrefait les perles du ratelier humain ; les chaînes à quarante sous contrefont l'opulence; la photographie contrefait les figures qui l'honorent de leur confiance; la fille de ma portière contrefait Thalberg; Raynard a obtenu un de ses plus grands succès en contrefaisant.. un bossu.

Comme si ce pauvre bossu n'était pas assez contrefait déjà !

Au milieu de cette fureur de contrefaçons, le voyage ne pouvait échapper à la contagion.

On l'a contrefait comme le reste.

Le faux voyageur est le digne fils d'un siècle où l'on vit pour les apparences.

Que fait-il — socialement parlant?

Il grignotte,—en serrant la boucle de son gilet—
les deux mille quatre cents francs de rente que
monsieur son papa gagna dans les huiles de colza.

C'est lui qu'on voit, étalant entre la rue Drouot
et la Chaussée-d'Antin, les criardes élégances de
défroques achetées au revendeur.

C'est lui qui, — après le dîner de 90 centimes,
— deux plats au choix! quel choix! — consomme... un cure-dents aux environs de Tortoni, ou se
glisse dans l'escalier du café Anglais, — cabinets
particuliers, — pour avoir ensuite l'air d'en descendre.

Ce type des voluptés vaniteuses est comme les
diplomates : il ne vit que pour les relations exté·
rieures.

A La Marche, à Chantilly, il rôde autour de
l'enceinte du pesage, gémissant d'avoir *perdu sa
carte*.

Les soirs de première représentation — il dé-
pose cent sous au contrôle pour *aller parler à
quelqu'un qui est dans la salle*. En réalité pour

s'exhiber cinq secondes à l'entrée de l'orchestre et dire après :

— J'étais là !

Mais vient une saison où maintenant, de par la mode, le suprême bon genre consiste à dire :

— Je n'y étais pas.

C'est la saison du voyage.

Tout ce qui porte lorgnon, tout ce qui fait badine, se dandine et gandine, doit quitter Paris et aller chercher la fraîcheur sur des plages où le soleil chauffe à blanc, le plaisir dans des casinos qui ne sont que des parodies affaiblies du concert Musard.

Le faux voyageur part alors — comme tous les autres.

Il y est bien forcé. Si ses amis — qui ont des vrais revenus, eux — savaient que le geai, paré des plumes du paon, est resté en cage !

Il s'en va, — pour un, deux ou trois mois, — à Belleville, à Ivry ou dans le quartier des Gobelins.

Il s'y enferme dans une chambre meublée, au cinquième, sur le derrière.

Pour ne pas s'exposer à une rencontre, il se fait monter la pitance d'une voisine gargotte.

A peine le soir, — avec une barbe postiche ou en tenant son mouchoir sur ses yeux, — ose-t-il risquer une courte promenade sur ce qui fut le boulevard extérieur.

Si quelqu'un le voyait !... Songez !

Lui qui a annoncé son départ pour la Suisse ou les Pyrénées !

Tout cela pour pouvoir s'échapper — papillon de l'orgueil — de la chrysalide de la réclusion ! Tout cela pour pouvoir reparaître — avec l'automne — plus badinant, plus dandinant, plus gandinant que jamais !

Tout cela pour le bonheur de répondre aux Aztèques du bitume fashionable :

— D'où je viens ?

Mais, mon meilleur, du bout du monde.

J'ai fait une tournée ravissante, mon très-bon...
Ravissante...

Les Glaciers... le Righi!... Charmant!... Splendide, la mer de Glace...

De là je suis descendu... Venezia la belle... Le pont des Soupirs... J'ai pris un granit sur la place Saint-Marc...

Florence... Rome... Une fois parti, tu comprends... je me suis embarqué à Civita...

Naples... Pas très-fameux, Naples... La Sicile... Voilà, cher, qui est *épatant!*

Des femmes!... Et qui savent aimer!... Une entre autres... Je te conterai cela ...

Je remonte ensuite... je double les côtes de Sardaigne... et.....

Tais-toi, vantard!

Tu n'as doublé que tes vieux paletots.

LE CHARENTON DU VOYAGE

Je vous l'ai dit.

C'est un peuple parmi les peuples que la gent voyageante.

Or, il n'est pas de peuple se respectant qui n'ait son Charenton. Cela fait partie des édifices publics obligatoires.

Le Charenton du voyage offre,— j'ose l'en vanter, — une collection qui défie toute rivalité.

De même que l'autre a ses classifications, et qu'on y compte :

Les fous-soleil,

Les fous-lunes,

Les fous-monarques,

Les fous-théières,

Etc., etc., etc.

De même aussi le Charenton du voyage cultive les spécialités et possède un musée bien complet.

Vous plaît-il d'entrer et de visiter?

*
* *

Commençons par le proclamer, les monomanes ici sont tous des êtres inoffensifs qui ne font de mal qu'à eux-mêmes.

N'est-ce pas à souhaiter cette folie à bien des gens de votre connaissance?

Et d'abord, voici un des types les plus répandus.

On le nomme

L'ASCENSIONNISTE.

L'ascensionniste, dont l'espèce va se multipliant avec une fâcheuse fécondité, a, pour les montagnes les plus neigeuses, pour les pics les plus sourcilleux, une affection que la physiologie a vainement cherché à expliquer.

L'avalanche le fascine, les crevasses lui font battre le cœur.

On a vu des cas d'ascensionnisme se déclarer de la façon la plus foudroyante chez un bon bourgeois qui passait tranquillement au pied du mont Blanc.

Dès que l'ascensionniste est saisi par la monomanie, c'en est fait. Rien ne peut le retenir. Il n'est plus ni père, ni époux, ni amant.

Il a besoin de poser le pied sur le plateau du mont Blanc.

Pourquoi ?

Ah ! nul n'a pu encore sonder ce mystère. Tout ce qu'on sait, c'est qu'il a besoin de cette satisfaction.

Son bonheur dès lors consiste à grimper jour et nuit sans prendre de repos, à se traîner à quatre pattes comme un quadrupède, à se sentir geler les extrémités les plus fâcheuses, à semer, comme jalons, quelques guides dans les précipices de la route, à manger à peine, à respirer avec peine, quelquefois à mourir à la peine.

Quand ce dernier cas ne se produit pas, l'ascensionniste arrive à son but.

Il faut bien, en ce monde, que tout ait une fin.

Après avoir suffisamment grimpé, marché à quatre pattes, gelé, il pose le pied, comme il l'avait désiré, sur le plateau du mont Blanc!- - -

Prodige! Sur le champ sa folie cesse.

— C'est ici, a dit le guide en chef.

— Ah! c'est ici... C'est tout ce que je voulais.

Aussitôt, sans prendre le temps de regarder — d'ailleurs on ne voit généralement rien, — il redescend aussi vite que le lui permet l'état de son individu, rapporte au foyer de famille un nez que le froid a tomatisé à jamais, paie à part les guides perdus, et redevient un simple citoyen, raisonnable comme tout le monde...

Jusqu'à ce qu'une nouvelle crise le prenne !

L'ascensionnisme est généralement une maladie masculine.

Pourtant l'Angleterre a fourni quelques cas féminins.

Lord Palmerston en est très-fier.

Comme il voudra !

*
* *

A côté de l'ascensionniste, j'ai l'honneur de recommander à votre bienveillante attention

L'HOMME AUX BAHUTS.

Celui-là a une monomanie d'un autre genre.

Ayant ouï dire que — vers 1789 — peu après le commencement de la Révolution française, un voyageur avait acheté cinquante centimes, chez

14

une vachère un superbe bahut Louis XV, ce digne monomane voue sa vie à la recherche des bahuts Louis XV, oubliés chez des vachères qui les vendent cinquante centimes.

Son existence se passe à parcourir en tous sens les 89 départements, en regrettant qu'il n'y ait pas de nouvelles annexions.

Dès qu'il aperçoit dans un coin un meuble sale et défiguré par le noir de fumée :

— C'est lui ! s'écrie-t-il... le pur bahut Louis XV... Combien, la femme ?

Seulement, comme la femme est prévenue et qu'elle sait qu'il y a des monomanes :

— Cent francs, répond-elle.

— Oh !

— Parce que c'est vous... Moi, je n'connaissons pas la valeur de ces choses-là...

— Voilà cent francs

Et l'homme au bahut s'en va triomphant. Un pur Louis XV !

Ah ! s'il se doutait que le pur Louis XV vaut bien douze francs vingt-cinq, qu'il sort d'une usine où on fabrique les vieux meubles à l'usage des hommes aux bahuts qui sillonnent la campagne, qu'on a même pris un brevet pour *un enduit qui joue l'antique à s'y méprendre*. Mais s'il savait cela, l'homme aux bahuts ne serait pas un monomane et n'aurait pas le plaisir de figurer dans notre Charenton.

Cet autre vous représente

LE CHERCHEUR D'HIÉROGLYPHES.

Une bien drôle de monomanie !

Ramasse toutes les pierres ornées de lézardes,

Soutient que ce sont des inscriptions cunéiformes,

S'enferme avec ces inscriptions,

Et finalement, après une séquestration de durée variable, sort en s'écriant que les lézardes racontent en détail l'histoire de Belus et autres Ninus.

Allez donc lui prouver le contraire.

Faute de pouvoir le faire, l'Académie des inscriptions et belles-lettres traite la maladie du chercheur d'hiéroglyphes par la douceur.

Elle lui donne de temps en temps des prix de 20,000 francs.

*
* *

Plus loin,

LE CARTHAGINOIS.

Ainsi dénommé parce qu'il a concentré ses passions sur les ruines de Carthage.

Depuis le temps où Marius arrosait ces décombres de ses larmes, lesdites ruines, qui n'étaient déjà pas toutes jeunes, ont fini par tomber complètement en poussière.

Trouver dans toutes les autres poussières du continent africain celle qui appartient à Carthage, voilà la tâche que s'est imposée la monomanie du Carthaginois.

Il se transporte de l'autre côté de la Méditerranée, a l'air de scruter, tamise quelques cornets de sable, y goûte même au besoin, puis, tombant en arrêt :

— J'ai trouvé... Je suis sur les ruines de Carthage. Voyez-vous ?...

Il n'y a rien à voir, n'importe.

— Ici les murailles... quels créneaux !

Pas plus de créneaux que dans la plaine Saint-Denis.

— Là, les palais !

Vide absolu.

— Plus loin... Mais, c'est admirable !

Sur quoi, le Carthaginois fait un volume où il décrit la ville entière, en énumère les boutiques, dépeint les mœurs des habitants, leur costume, leurs intérieurs !

— Le malheureux ! gémissez-vous, quelle folie !

— Eh bien ! et ceux qui achètent le livre, qu'en direz-vous donc ?

*
* *

Le dernier pensionnaire du Charenton du voyage, — je vous fais grâce des autres, — est le plus incurable, — si tant est que cet adjectif admette des degrés.

C'est

L'HOMME AUX SOURCES DU NIL.

Le martyr de la curiosité.

Je vous demande un peu ce que cela peut lui faire.

Dieu sait où l'on irait, si l'on s'avisait, à son instar, de vouloir remonter aux sources de toute chose ici-bas, et spécialement aux sources :

De la noblesse de M. de A.

De la fortune de Mlle B.

Des opinions du célèbre C.

Des livres du fameux D.

N'épuisons pas l'alphabet.

L'homme aux sources du Nil a cette maladie-là. Ce n'est pas sa faute.

Nous autres, gens simples et ordinairement constitués, quand nous lisons dans le journal qu'un de ces maniaques infortunés a succombé à une fièvre de n'importe quelle couleur ou a fini ses jours dans l'estomac de n'importe quel animal féroce, nous cherchons en quoi les hommes seraient plus avancés, la vie plus agréable, le ciel plus bleu, le commerce plus florissant, les femmes plus fidèles, le *Tannhauser* plus récréatif, si l'on savait où le Nil prend sa source.

Le maniaque ne raisonne pas ainsi, — par le motif bien légitime qu'un maniaque ne raisonne pas du tout.

Il se met en route, rencontre la fièvre, meurt, ou ne rencontre rien et revient.

Auquel cas il avoue innocemment dans un long Rapport, que son voyage n'a amené aucun résultat, ce qui fait qu'il est décidé à en entreprendre plusieurs autres.

Constatons toutefois une nuance.

Avant, les monomanes avaient encore conscience de n'avoir rien trouvé !

Maintenant, — et deux Anglais ont été récemment dans ce cas, — ils jurent qu'ils ont découvert les fameuses sources.

Faut-il que la maladie soit aggravée!..

XXXIII

LA LITTÉRATURE DE VOYAGES

« J'ai passé hier à quatre lieues en vue de l'île de Madagascar, les habitants m'ont paru d'un caractère très-aimable. »

La *littérature de voyages* est tout entière synthétisée dans cet aveu plein de candeur d'un capitaine au long cours.

Tous les livres que j'ai eu le plaisir de lire en ce genre passent à quatre lieues de l'île de Madagascar.

Pas un n'y entre.

L'impression de voyage est tour à tour pour l'auteur un prétexte à écouler :

D'ennuyeux fragments de philosophie,

Des boutades humoristiques,

Des adjectifs descriptifs,

Des tirades religieuses.

Une vieille intrigue de roman ;

Mais surtout, pour le même auteur, une occasion sans pareille de faire miroiter devant le public toutes les faces de son *moi* et d'apprendre au lecteur :

S'il aime les brunes ou les blondes,

S'il est gai ou triste,

Combien il a déjà écrit de volumes,

L'adresse du libraire qui les a publiés,

Le prix qu'on les vend,

S'il aime la cuisine épicée,

A quelle heure il se couche,

S'il porte sa barbe ou se rase lui-même.

La littérature de voyages,— je ne parle pas des

livres techniques, — est une ode perpétuelle à l'égoïsme.

Voici comment j'ai fait sa connaissance :

Il s'agissait de je ne sais quel pays, rendez-vous de tous les touristes littéraires.

Désirant me renseigner, j'ouvre cinq voyageurs, — pas eux, mon Dieu ! — leurs récits !

— Pays gai, me dit l'un.

— Lugubre séjour, me dit l'autre.

— Ville ravissante, me dit le troisième.

— Sale, me dit le quatrième.

— Ni bien, ni mal, me dit le cinquième.

Le tout parce que le numéro un, avait à placer à ce chapitre une anecdote grivoise.

Le numéro deux, un fragment d'élégie,

Le numéro trois, une aventure d'amour,

Le numéro quatre, une satire politique contre le gouvernement,

Le numéro cinq, des détails de statistique.

Depuis, je n'ai jamais recommencé l'épreuve.

Pour le physique, la géographie me suffit.

Pour le moral, chacun regardant la même chose avec des yeux différents, j'attends patiemment le moment de me servir des miens.

Servez-vous des vôtres.

XXXIV

L'INAUGURATEUR

Il convient de faire ici une place à part à une individualité, née seulement depuis une dizaine d'années.

Je veux parler de *l'inaugurateur de chemins de fer*.

L'inaugurateur est un journaliste hors cadre, spécialement chargé du rendu-compte des cérémonies dans lesquelles les locomotives et les rails reçoivent la bénédiction nuptiale.

Pour compléter la comparaison, je pourrais

ajouter qu'il remplit le rôle de témoin, — mais je ne vois pas trop ce que cette phrase aurait de spirituel.

Quelle émotion quand l'inaugurateur apprend qu'une voie ferrée touche à son achèvement !

Quelquefois il attend depuis dix-huit mois cette occasion unique de glisser sa copie dans des colonnes imprimées !

Les colonnes de Juillet... ou d'Août !

Aussi, comme il est renseigné !

Demandez-lui où en est telle petite ligne obscure ? Il vous dira le nombre des madriers posés, la quantité de fer employée.

Peut-être va-t-il la nuit visiter les travaux pour savoir combien de temps encore il a à souffrir de l'attente.

Enfin, il est arrivé, le jour solennel.

Pour vingt-quatre heures, il devient un personnage.

Le représentant du... ou de la... ou des... organe aussi politique que quotidien.

C'est l'écrivain chargé de reliques.

Il a l'habit noir, il a la cravate blanche, et le reste à l'avenant. Tout cela flamboie et parade.

Il va partout, foudroyant les sentinelles de cette phrase :

— J'appartiens à la presse.

Les journalistes de la localité l'inspectent avec une curiosité avide, et parfois lui font une ovation.

Il s'y prête, — surtout si l'ovation est compliq u ée depunch.

C'est un estomac en même temps qu'une tête, l'inaugurateur.

Digérer est pour ses fonctions — aussi nécessaire — peut-être plus — que penser.

Concevez-vous le scandale?

Un inaugurateur qui compromettrait la dignité de son sacerdoce par des embarras gastriques au dessert du banquet !

Car il n'y a pas plus d'inauguration sans banquet que de village sans clocher.

L'inaugurateur est décidé à tout.

Ni les fatigues du déplacement, ni l'engorgement des comestibles ne l'épouvantent.

Héroïque devant l'alimentation, il faut encore qu'il le soit devant l'éloquence de la localité...

Un discours, deux discours, trois discours... quelquefois on va jusqu'à la douzaine, — quand il s'agit d'étrenner une ligne importante.

Mais cette mitraille de phrases stéréotypées n'ébranle pas le preux.

Impavidum ferient...

Bien plus, au besoin il se jettera dans la mêlée des orateurs.

L'inaugurateur a toujours, — toujours! — en poche sa fameuse harangue, son toast qui eut tant de succès à Chose et dans bien d'autres lieux.

Le toast à *messieurs les édiles de la ville de...* ! qui commence perpétuellement par :

« Permettez-moi, messieurs, moi l'humble interprète de la presse parisienne, de venir après les voix éloquentes que vous venez d'entendre, porter une santé que, je l'espère, vous accueillerez avec faveur.

» Je bois à messieurs les Ediles de la ville de... dont la touchante et cordiale hospitalité a trouvé, pour honorer ses hôtes, des délicatesses exquises et imprévues... »

Lequel toast continue éternellement par :

» A messieurs les Ediles de cette cité, qui, grâce à ses développements incessants, est un des plus beaux fleurons de la couronne nationale... »

Et finira jusqu'à la consommation des siècles, par :

»... En emportant au fond du cœur le souvenir de cette fête de famille ! ! ! »

L'inaugurateur, en homme économe, juge inutile de faire des frais de formules nouvelles pour des centres éloignés l'un de l'autre de tant de kilomètres.

D'ailleurs, je suis sûr que son toast est encore bon comme neuf et que messieurs les Ediles y sont aussi sensibles que la première fois.

Dès-lors à quoi bon changer?

L'inaugurateur écrit comme il parle — de mémoire.

Jadis — il y a bien des ans de cela ! — il a composé sur la matière, un article qui a vivement impressionné les boutiquiers de son quartier.

Depuis, il a proprement découpé l'article phrases par phrases, adjectifs par adjectifs et mis ces rognures dans les casiers soigneusement catalogués de sa malle.

La cérémonie finie, la cravate blanche salie, les mets et les discours engloutis, il rentre dans sa chambre d'hôtel, ouvre la valise à la malice, et puise successivement dans les compartiments.

Ce qu'il en retire, ce sont tour à tour des défroques de style, telles que :

» *Grâce aux sages mesures prises par les organisateurs de...* »

« *Un soleil radieux a constamment favorisé
ce...* » ou bien : « *malgré une pluie constante qui
a essayé de contrarier la...* »

« *La plus belle moitié du genre humain, si bien
représentée ici, ajoutait par ses grâces à l'éclat
du...* »

« *Applaudissant à ces grandes agapes du progrès, cimentant l'alliance des peuples, et ouvrant
de nouveaux horizons qui... dont... que... car...
jusqu'à... tels que... vu que... pour assurer la
prospérité de notre patrie qui marche à la tête de
la civilisation !...* »

L'inaugurateur en sécrète sur ce ton jusqu'à
deux cents lignes sans courbature.

Puis, il remet les casiers en place, referme sa
malle, fait blanchir sa cravate — et en voilà
jusqu'à la fois prochaine.

Si j'étais femme, j'aimerais pour époux un
inaugurateur. Ce style naïf, cette fidélité aux habitudes prises, cette résignation en face des ennuis
de l'existence, dénotent un naturel heureux.

Et puis, si souvent absent !...

Pourtant un chagrin — que ce *si souvent* va réveiller s'il lit ces lignes, empoisonne les joies de l'inaugurateur.

Il a calculé que quand tous les chemins de fer seront finis, il n'y aura plus de gares nouvelles à inaugurer...

Je veux le consoler, moi, cet homme.

Rassure-toi, grande âme, — il restera la ressource de mettre le feu aux anciennes !

XXXVI

Si la littérature voyage par goût, l'art voyage par nécessité.

Oh ! les jolies idylles rêvées par tous les rapins, encore dans la période d'éclosion.

Le sac au dos, l'enthousiasme au cœur, la chanson à la bouche !

On arrive ainsi à l'entrée d'un petit village, — un amour de village !

Une eau limpide reflète le pignon du petit clocher, un bois ombreux fait un nid à ces douze maisonnettes.

On prend sa palette.

Les gens du pays, — bonnes gens ! — arrivent pleins d'admiration. C'est à qui fêtera, hébergera le passant,

Hôte envoyé par Dieu.

Pour lui le pain frais de la huche, pour lui les draps blancs à la saine fraîcheur, aux caresses rudes, mais fortifiantes !

Le rapin en bâtit ainsi, pour toutes les provinces, de ces chaumières en Espagne.

- Mais, ô changement à vue ! Nous pénétrons dans les domaines de la réalité.

Le rapin soufflant, suant, haletant, a marché cinq heures sans découvrir un arbre.

Il y a de si belles plaines en France !

Pourtant il finit par apercevoir une oasis.

Une cinquantaine de bouleaux avoisinant une trentaine de masures.

Bast ! avec l'imagination de Corot et la couleur de Daubigny, tout est dans rien.

Le rapin installe son chevalet, tire ses crayons et procède à l'idéalisation de la première hutte de la trentaine.

Cinq minutes se sont écoulées depuis qu'il travaille à cette ingrate besogne.

Survient un premier paysan.

Il tourne autour de l'ennemi, s'approche cauteleusement, regarde, ne comprend pas, — et va chercher du renfort.

Ils reviennent trois.

Plus hardiment, ils se dirigent droit vers le chevalet et son possesseur.

Chuchottements à voix basse.

— Quoi donc qu'il peut faire là ?

— Des fainéants.

— Des mendiants, peut-être.

— A moins que ce ne soit un de ces vagabonds dans le genre de ceux qui ont pillé les poulaillers aux alentours.

— Pourquoi qu'il s'adonne à un tas de *désigne-ries* comme ça.

— Probablement qu'il veut dresser ses plans pour pénétrer la nuit dans les maisons.

Quatre autres rustres ont grossi le rassemblement.

— Il est joli, le coco, avec sa houppelande marron.

— Mis comme un voleur.

— Et des mains propres.

— C'est ça qui est louche.

— Je donnerais deux sous pour que les gendarmes y viennent à passer.

— Avec ça qu'on aurait bien besoin d'eux pour le faire déguerpir, si on voulait....

Nouvelle adjonction de huit personnes, dont quatre femmes et deux enfants.

Le rapin reléve la tête et, croyant tenir son idylle, sourit.

— As-tu vu ? il a l'air de se ficher de nous!

— J'voudrions bien voir.

— Parce qu'il arrive d'la ville.

— Faut-il que j'vous dise mon idée?

— Dis tout de même.

— J'ai en tête que c'est quéqu'employé des contributions qui vient faire le relevé pour nous augmenter les impôts.

— Ah ! le gueux !

— Nous ne le souffrirons pas.

— Si c'est comme ça...

Un des peu florianesques goujats heurte rudement le chevalet qu'il fait trébucher.

Le rapin ne comprend pas encore.

— A-t-il peu de cœur ! il n'a pas bougé.

— Il finira bien par là... Allons-y !

Trois des bonshommes s'avancent, et cette fois combinent leur choc de façon à ce que chevalet et croquis exécutent une double culbute.

Le rapin fait une observation.

Une injure est aussitôt répliquée.

Les réparties se croisent. Tout le pays, — y compris les mioches de deux ans, — est sous les armes.

Une grêle de pierres fond sur l'étranger, — obligé de s'enfuir à toutes jambes.

L'idylle finit par des compresses.

Pensée d'un paysagiste.

— La belle chose qu'un arbre, si l'on n'était pas exposé à trouver des chenilles dessus et des paysans dessous !

XXXVI

ETAPE DU PASSÉ

Après les vivants les morts.

Le défunt, un riche bonnetier, s'est laissé trépasser dans sa maison de campagne de Jouy-en-Josas.

Le neveu — son seul parent — a tenu à bien faire les choses.

Il a, en conséquence, mandé de Paris une voiture fermée de l'administration des pompes funèbres, pour reconduire le pauvre cher homme dans la capitale, — où aura pompeusement lieu le convoi.

La lugubre machine, avec la boîte oblongue, peinte en vert, — couleur d'espérance ! — est arrivée sous la conduite d'un cocher de la compagnie et d'un commissaire des morts.

Le cocher est sur son siége.

Le commissaire s'est assis dans le coupé auprès du neveu inconsolable.

Les chevaux prennent le trot. Cinq petites lieues. Une bagatelle.

PREMIÈRE LIEUE

Le neveu, silencieusement blotti, tient son mouchoir sur ses yeux.

Le commissaire des morts — un homme qui sait son métier — respecte cette morne attitude et prend une prise.

Le cocher est grave et majestueux.

SECONDE LIEUE

Le commissaire des morts, qui possède son échelle des distances sur le bout du doigt, a évalué les quatre kilomètres parcourus.

Il sait que c'est la limite extrême du mutisme pour les parentés du second degré.

Et à mi-voix, comme se parlant à lui-même :

— Je crois que nous allons avoir de l'eau.

Le neveu extrait la tête de son mouchoir, et, semblable à un homme qui sort d'un songe, promène un œil allangui autour de lui.

— Le vent est en pleine pluie, continue à murmurer le commissaire.

— Pauvre cher oncle!... Il ne verra plus pleuvoir, lui, sanglotte le neveu.

— Hélas!... Il paraît, continue le commissaire, que c'était un homme bien remarquable.

— Ah! monsieur!... si vous l'aviez connu ! Pas un défaut !

— Ces types purs sont malheureusement trop rares, et ce sont toujours ceux-là qui partent les premiers.

— Toujours! toujours! (*Le neveu se replonge dans son mouchoir.*)

— Voyons, monsieur... Je vous demande pardon de me mêler de ce qui... mais il faut vous faire une raison.

— Je sais bien, aquiesce le neveu, mettant son mouchoir dans sa poche.

Le cocher, pendant ce temps a commencé à agacer du bout de son fouet les rouliers qui passent.

On chemine le long d'un champ.

TROISIÈME LIEUE

LE COMMISSAIRE.

Les biens de la terre seront superbes tout de même.

LE NEVEU.

Il aurait été bien heureux, ce pauvre oncle, lui qui aimait tant son jardin.

LE COMMISSAIRE.

Ce monsieur s'occupait d'horticulture.

LE NEVEU.

Pour se distraire, car au fond, (*avec un pâle sourire.*) je crois qu'il n'y entendait rien.

LE COMMISSAIRE.

Une innocente passion alors.

LE NEVEU.

Le cher homme !... Je ne lui en veux pas, mais il a gaspillé de cette façon-là bien de l'argent.

LE COMMISSAIRE.

Ah ! dame, cela va vite.

LE NEVEU.

Avec cela qu'il ne voulait pas souffrir la moindre observation.

LE COMMISSAIRE.

Voyez-vous !

LE NEVEU.

Les veillards ont de ces manies...

LE COMMISSAIRE.

Ah! monsieur, à qui le dites-vous?... Nous savons cela mieux que personne dans la pompe funèbre... j'en ai encore reconduit la semaine dernière un de soixante-douze ans. Croiriez-vous qu'il était à cet âge-là terrible pour les femmes?

LE NEVEU.

Par exemple!...

LE COMMISSAIRE.

C'est-à-dire qu'un de ses parents, je ne sais pas à quel degré, qui était avec moi dans le coupé, comme qui dirait vous, m'a raconté une histoire... d'un drôle!...

LE NEVEU.

C'est trop fort... qu'est-ce que c'était donc?

Figurez-vous, monsieur...

Le cocher fredonne un vieil air de quadrille.

QUATRIÈME LIEUE

On a fait une halte.

La route est si poudreuse! on était parti de si bonne heure!

Rien qu'un verre de sirop et une brioche.

Il n'y avait pas de sirop, on l'a remplacé par du madère. Il n'y avait pas de brioche, on l'a remplacée par une tranche de jambon.

Le commissaire a trinqué au souvenir du décédé.

Le cocher a humé un litre à sa mémoire.

On regagne la voiture dans laquelle les mânes de l'oncle attendent à la porte.

Elle était bonne tout de même, celle-là.

LE NEVEU.

Et sa femme l'a su?

LE COMMISSAIRE.

Après la mort, elle a trouvé les lettres de la figurante dans le secrétaire.

LE NEVEU.

Superbe!

LE COMMISSAIRE.

Je vous dis, monsieur, qu'il n'y a rien comme mon état pour les drôleries.

LE NEVEU.

On en ferait un vaudeville.

LE COMMISSAIRE.

Ah! monsieur, ne me parlez pas de théâtre, j'en raffole!... Toutes les fois que j'ai quelque décédé d'extrà, c'est pour aller au Palais-Royal! vous connûtes monsieur Grassot?

Le cocher allume sa pipe.

CINQUIÈME LIEUE

LE NEVEU.

Si j'ai vu Grassot !

LE COMMISSAIRE.

Un talent... Ah ! j'aurais été bien flatté de faire
son convoi.

LE NEVEU.

Dans le *Chapeau de paille !*

LE COMMISSAIRE, contrefaisant Grassot.

Mon gendre, tout est rompu.

LE NEVEU.

Et la pantomime donc en disant : *Mon gendre !... (Il agite le bras à la façon du célèbre
comique.)*

UN EMPLOYÉ DE L'OCTROI, ouvrant brusquement la portière.

Ces messieurs n'ont rien à déclarer ?

LE NEVEU, surpris au milieu de son imitation.

Hein?... Plaît-il?

LE COMMISSAIRE, souriant.

Ce que nous avons ne paie pas entrée.

LE NEVEU.

Comment, déjà arrivés !

LE COMMISSAIRE.

J'allais en faire l'observation. On ne s'ennuie jamais quand on a la chance de faire route avec des personnes gaies et spirituelles.

XXXVII

ÉTAPE DE L'AVENIR

I

EXTRAIT DU RAPPORT ANNUEL DE LA COMMISSION DES BREVETS D'INVENTION.

« Cette année, comme les précédentes, le nombre des brevets pris pour des inventions relatives à la direction des aérostats a été très-considérable.

» Nous devons même constater que ce chiffre suit une progression non interrompue.

» En revanche tous les essais tentés jusqu'à ce jour ont été plus infructueux les uns que les autres.

» Peut-être est-ce là ce qui stimule l'ardeur des recherches et nous ne doutons pas qu'on arrive à résoudre ce problème d'un si haut intérêt... »

II

EXTRAIT DU RAPPORT DU MÉDECIN CHARGÉ DE L'INSPECTION DES HOSPICES DES ALIÉNÉS.

« Nous avons reçu dans nos établissements hospitaliers, — dans le cours de la dernière année, — cent cinquante individus dont la folie consistait à prétendre avoir découvert la direction des aérostats.

» Il est déplorable que la science ne puisse parvenir à faire comprendre à tant de malheureux acharnés à cette question insoluble, qu'ils poursuivent une utopie irréalisable... »

III

EXTRAIT D'UN JOURNAL.

« Notre grand photographe Nadar a offert tout récemment dans ses splendides ateliers, aux amis du progrès, les expériences les plus concluantes de navigation aérienne... »

IV

EXTRAIT D'UN AUTRE JOURNAL.

« Nous avons toujours rendu hommage au talent photographique de notre illustre Nadar, mais nous le voyons avec peine se détourner de ses travaux sérieux pour poursuivre une chimère ruineuse.

» Les expériences d'aérostation en chambre qu'il a faites récemment, n'ont absolument rien prouvé... »

Kiss! kiss! kiss!... Mords là !

XXXViII

DERNIER CHAPITRE

— Comment, monsieur?

— Plaît-il, lecteur aimé?

— Comment, déjà la fin?

— Voilà une exclamation qui me rendrait presque fier, et un *déjà* qui me chatouille suavement l'oreille.

— Il n'y a pas de quoi. C'est un adverbe de reproche.

— Je l'entends bien ainsi.

— De reproche pour avoir laissé de côté tant de....

— N'est-ce que cela, ami lecteur?... Mais je suis de votre avis. D'abord, j'ai-autant que possible — omis les banalités.

— Oh! oh!

— Dame, on fait ce qu'on peut... Secondement.

— Il n'y a pas de secondement qui tienne. La *Comédie du voyage* comporterait...

— Autant de volumes qu'on voudrait... Eh bien, lecteur aimé, entendons-nous.

— Qu'est-ce à dire?

— J'ai un arrangement à vous proposer.

— Et lequel?

— Je veux vous offrir une *Comédie du voyage* sans lacune.

— A la bonne heure.

— Vous allez seulement au préalable me signer un engagement par lequel vous vous obligerez à souscrire jusqu'à achèvement à une publication, de ce titre, comportant quatre volumes par an.

— Hein?

— De cinq cents pages chacun.

— Comment ?

— Et du coût de cinq francs la pièce.

— Arrêtez !

— En échange de quoi je m'engage de mon côté à fournir à ladite publication jusqu'à la fin de mes jours.

— Mais jamais, monsieur, jamais.

— Jamais ?... Alors, aimé lecteur, ne vous éton-nez donc plus si je n'ai pu faire tenir dans le présent cadre, un panorama de trois mille lieues de long.

— En effet...

— Vous vous adoucissez, à la bonne heure. Et pour vous prouver que je n'ai pas rancune, je veux, si je n'ai pu vous décrire tous les voyages de ce monde, vous tracer du moins l'itinéraire du plus agréable, du plus beau et du plus utile que vous puissiez faire.

Suivez bien sur la carte.

XXXIX

Vous partez de votre domicile ;

Vous descendez votre escalier;

Vous passez devant votre concierge ;

Vous tournez à droite ;

Vous prenez une rue ;

Puis une autre ;

Une autre encore ;

Vous gagnez les boulevards ;

Vous suivez cette artère,—orgueil de la France et envie de l'étranger;

Vous arrivez au boulevard des Italiens;

Vous cherchez le numéro 24, — un heureux numéro!

Vous trouvez une splendide boutique de libraire;

Vous pénétrez;

Des commis empressés, polis, exquis vous reçoivent;

Vous demandez cinquante exemplaires de la *Comédie du voyage*;

Vous payez;

On vous escorte jusqu'à la porte avec une escouade de révérences;

Vous reprenez, suivi par votre trésor, que porte un commissionnaire, l'itinéraire ci-dessus;

Vous repassez devant votre concierge;

Vous remontez votre escalier;

Vous rentrez dans votre domicile;

Vous envoyez les cinquante exemplaires à cinquante de vos amis et connaissances;

Et le soir vous vous endormez sûr d'avoir, à défaut de la gratitude des cinquante destinataires, celle de votre très-humble, très-obéissant et très-dévoué serviteur.

FIN.

TABLE

FIN DE LA TABLE.

VERSAILLES. — IMPRIMERIE CERF, RUE DU PLESSIS, 59.

EN VENTE